四川省2021—2022年度重点图书出版规划项目
城市建设新模式——公园城市系列丛书

公园城市规划设计实践

构建高品质生活圈，创造幸福美好生活

成都天府新区规划设计研究院有限公司◎著

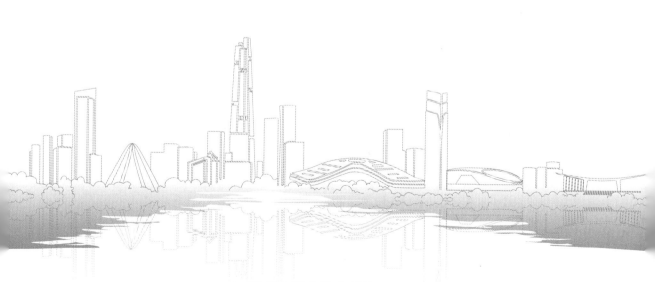

西南交通大学出版社
·成　都·

图书在版编目（CIP）数据

公园城市规划设计实践：构建高品质生活圈，创造
幸福美好生活 / 成都天府新区规划设计研究院有限公司
著 . -- 成都：西南交通大学出版社，2024.3
（城市建设新模式：公园城市系列丛书）
四川省 2021—2022 年度重点图书出版规划项目
ISBN 978-7-5643-9783-8

Ⅰ . ①公… Ⅱ . ①成… Ⅲ . ①城市规划 – 研究 – 成都
Ⅳ . ①TU984.271.1

中国国家版本馆 CIP 数据核字（2024）第 067047 号

四川省 2021—2022 年度重点图书出版规划项目
城市建设新模式——公园城市系列丛书

Gongyuan Chengshi Guihua Sheji Shijian
—Goujian Gao Pinzhi Shenghuoquan，Chuangzao Xingfu Meihao Shenghuo

公园城市规划设计实践
——构建高品质生活圈，创造幸福美好生活

成都天府新区规划设计研究院有限公司　著

责 任 编 辑	姜锡伟
封 面 设 计	曾文婷
出 版 发 行	西南交通大学出版社
	（四川省成都市金牛区二环路北一段 111 号
	西南交通大学创新大厦 21 楼）
营销部电话	028-87600564　028-87600533
邮 政 编 码	610031
网 址	http://www.xnjdcbs.com
印 刷	四川煤田地质制图印务有限责任公司
成 品 尺 寸	185 mm×260 mm
印 张	12.75
字 数	170 千
版 次	2024 年 3 月第 1 版
印 次	2024 年 3 月第 1 次
书 号	ISBN 978-7-5643-9783-8
定 价	88.00 元

编委会

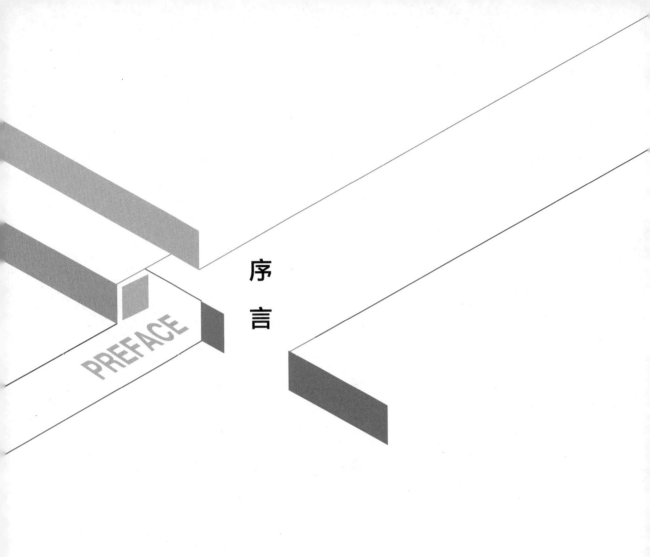

序言

PREFACE

时光荏苒。2018年2月，习近平总书记来川视察时，在天府新区指出"特别是要突出公园城市特点，把生态价值考虑进去，努力打造新的增长极，建设内陆开放经济高地"。"公园城市"这一全新的城市理念自此萌芽、生长，并走向世界。

一直以来，作为公园城市首提地，四川天府新区着力建设践行新发展理念的公园城市先行区，以"城市让生活更美好"作为出发点和落脚点，实施幸福美好生活"十大工程"，努力建设让市民和企业的获得感成色更足、幸福感更可持续、安全感更有保障的幸福美好生活公园城市。

成都天府新区规划设计研究院有限公司成立十多年来，始终践行规划设计初心使命，助力公园城市繁荣建设，累计承接规划设计项目超千项。其间，编制各层级、各类型国土空间总体规划、详细规划和专项规划等，划定天府新区国土空间规划"三区三线"，充分保障新区科学、适度、有序的国土空间开发保护格局，完成四川天府新区核心区公园城市研究、天府新区践行新发展理念的公园城市示范区建设总体规划、"十四五"时期天府新区生态价值转化路径等规划体系研究，构建公园城市规划建设指标体系，等等，在公园城市建设过程中取得了许多实践经验。

本书从"公园城市 时代命题""国土空间 描绘蓝图""厚植绿色生态本底""创造宜居美好生活""营造宜业优良环境""构建现代基础设施"六个方面，将六年多来的公园城市规划建设实践成效进行系统性的总结与展示，为今后公园城市建设持续推进以及在其他地方推广，提供参考案例。期望本书可以在今后公园城市理论研究和实践推动过程中起到良好的作用。

2024年1月

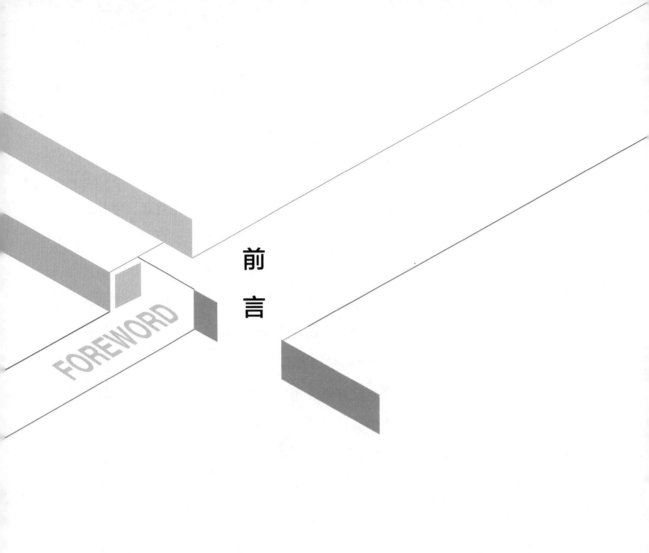

前言

FOREWORD

成都，自古有"天府之国"的美誉，是古蜀文明发祥地，也是国家中心城市，生态本底良好，经济活力强劲。2018年2月，习近平总书记视察天府新区时，首次提出"公园城市"全新理念和城市发展新范式。2020年，中央明确支持成都建设践行新发展理念的公园城市示范区。2022年2月，《国务院关于同意成都建设践行新发展理念的公园城市示范区的批复》发布，支持成都探索山水人城和谐相融新实践和超大特大城市转型发展新路径。

　　践行新发展理念的公园城市示范区是城市规划建设领域的一场制度创新。如何将生态、生活和生产有机融合与协同发展是城市规划、建设过程中首先考虑的问题。公园城市强调构建良好的生态环境、塑造优美的城市形态，将好山好水好风光融入城市，作为人与城市可持续发展的基础。公园城市提倡"以人民为中心"的理念，打造高质量创业就业环境，建设高品质的社区生活圈，回应人民对美好生活的期盼。

　　建设践行新发展理念的公园城市示范区的目标是实现高质量发展、高品质生活、高效能治理，这是成都在深化中国式现代化城市发展道路上承担的时代使命。《公园城市规划设计实践——构建高品质生活圈，创造幸福美好生活》聚焦四川天府新区近年的建设，以"公园城市　时代命题、国土空间　描绘蓝图、厚植绿色生态本底、创造宜居美好生活、营造宜业优良环境、构建现代基础设施"六大维度为切入点，总结提炼公园城市建设的技术智慧结晶。

　　本书共分为6章。第一章"公园城市　时代命题"展示了公园城市理念延续历史、体现文明高级进阶的理论脉络，根植于博大精深的习近平新时代中国特色社会主义思想，蕴含丰富的哲学内涵和深厚的为民情怀，具有鲜明的原创性、系统性和人民性。第二章"国土空间 描绘蓝图"重点突出了国土空间规划体系的战略引领意义。该体系是建设全面体现新发展理念城市的纲领，是落实生态文明建设要求、推进新时代高质量发展、支撑"三步走"战略目标、统筹土地保障和资源保护的管控平台。第三章"厚植绿色生态本底"主要介绍了天府新区在城市建设的过程中，以"一山两楔三廊五河"为总体生态格局，体系化地建设绿地、绿道、公园等要素。第四章"创造宜居美好生活"凸显天府新区始终坚持把以人为本的理念作为根本导向，以规划为引领，创造让人民具有"获得感、幸福感、安全感"的宜居美好生活。第五章"营造宜业优良环境"详细介绍了新区现代化产业体系构成和产业功能区建设，并分科技创新平台、都市工业、现代服务业、现代农业四方面介绍新区产业发展状况。第六章"构建现代基础设施"聚焦于新区现代基础设施的建设情况，从交通网络体系、水利设施体系、公共基础设施、公共服务设施四个维度阐述天府新区基础设施体系的规划、建设实践。

　　本书是成都天府新区规划设计研究院有限公司在公园城市规划建设实践过程中的一次系统性总结和思考，不仅着眼于前端的政策与规划研判，也充分审视规划的后期建设实施，既有全局性、系统性的思考，也有针对性强、特征突出的案例展示，展现了成都天府新区规划设计研究院有限公司作为新区规划技术服务载体和智库平台的业务水平与工匠精神。本书的出版，旨在为城市新区建设和公园城市理念发展实践提供一本有价值的参考读物。

作　者

2024年1月

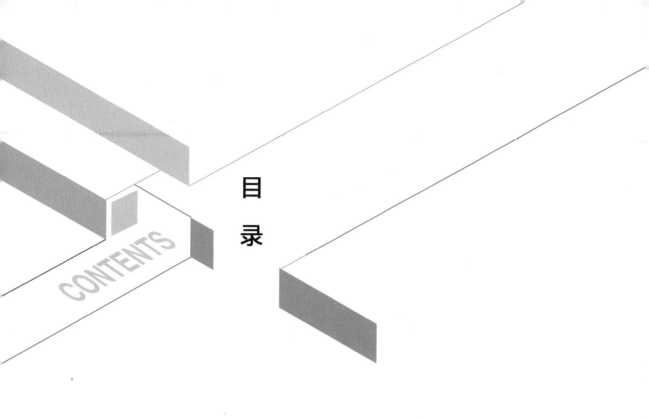

目 录

CONTENTS

第二章 国土空间 描绘蓝图

第三章 厚植绿色生态本底

第六章 构建现代基础设施

第一章

公园城市　时代命题

　　2018年，习近平总书记考察天府新区时指出：天府新区是"一带一路"建设和长江经济带发展的重要节点，一定要规划好建设好，特别是要突出公园城市特点，把生态价值考虑进去，努力打造新的增长极，建设内陆开放经济高地。

　　公园城市，是习近平总书记交给我们的时代课题。博大精深的习近平新时代中国特色社会主义思想，蕴含丰富的哲学内涵和深厚的为民情怀。公园城市理念，是引领城市转型发展的新时代城市发展观，是满足人民美好生活需要的新时代人居环境观，是推进生态价值转化的新时代生态文明观，是提升城市区域竞争核心优势的重要抓手，具有鲜明的原创性、系统性和人民性。

公园城市理念具有鲜明的原创性

"我们要像保护自己的眼睛一样保护生态环境，像对待生命一样对待生态环境"，"让子孙后代既能享有丰富的物质财富，又能遥望星空、看见青山、闻到花香"。

——摘自习近平总书记在2019年中国北京世界园艺博览会开幕式上的讲话。

1. 公园城市理念是习近平生态文明思想的具体实践

党的十八大报告将生态文明建设上升到国家战略高度，建设生态文明，关系人民福祉、关乎民族未来。面对资源约束趋紧、环境污染严重、生态系统退化的严峻形势，必须树立尊重自然、顺应自然、保护自然的生态文明理念，把生态文明建设放在突出地位，融入经济建设、政治建设、文化建设、社会建设各方面和全过程，努力建设美丽中国，实现中华民族永续发展。

党的十九大报告提出，我们要建设的现代化是人与自然和谐共生的现代

兴隆湖湖心岛

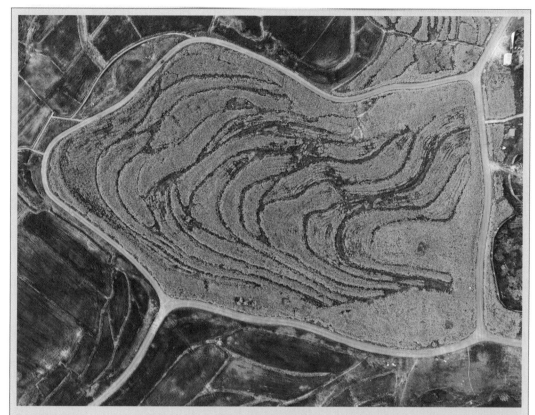

油菜、麦苗、茶树、果蔬，各种农作物撒播在希望的田野上，是泥土的年轮和指纹，也是大地奏响的生态乐章。

化，既要创造更多物质财富和精神财富以满足人民日益增长的美好生活需要，也要提供更多优质生态产品以满足人民日益增长的优美生态环境需要。必须坚持节约优先、保护优先、自然恢复为主的方针，形成节约资源和保护环境的空间格局、产业结构、生产方式、生活方式，还自然以宁静、和谐、美丽。

中央城镇化工作会议明确：城镇建设，要体现尊重自然、顺应自然、天人合一的理念，依托现有山水脉络等独特风光，让城市融入大自然，让居民望得见山、看得见水、记得住乡愁。按照促进生产空间集约高效、生活空间宜居适度、生态空间山清水秀的总体要求，形成生产、生活、生态空间的合理结构。

党的二十大报告指出：大自然是人类赖以生存发展的基本条件。尊重自然、顺应自然、保护自然，是全面建设社会主义现代化国家的内在要求。必须牢固树立和践行绿水青山就是金山银山的理念，站在人与自然和谐共生的高度谋划发展。我们要推进美丽中国建设，坚持山水林田湖草沙一体化保护和系统治理，统筹产业结构调整、污染治理、生态保护、应对气候变化，协同推进降碳、减污、扩绿、增长，推进生态优先、节约集约、绿色低碳发展。

公园城市理念是习近平生态文明思想的具体实践，是新时代背景下城市发展模式的全新论述，是在全面建成社会主义现代化强国的新历史时期符合城市发展规律和发展大势的新理念。

2. 公园城市理念体现历史的延续和文明的高级进阶

公园城市是历史的延续和文明的高级进阶。近代以来，我国城市规划建设理念经历了多个发展阶段。从古代到当代，城市的职能从为统治、礼制和城防服务演变为服务于统治管理，逐步发展到为生产建设服务、为经济社会发展服务，再进阶到为人民的美好生活服务，要充分尊重城市发展规律。改革开放以来，成都在工业化、城镇化的浪潮中快速扩张，蔓延的城市格局也带来了一系列的发展挑战。

在此发展背景下，作为国家级新区的四川天府新区，其建设与发展顺应时代发展趋势，重新审视城市与自然的关系。天府新区的营城理念打破了传统"沿路摊大饼"的模式，转为"拥绿亲水"组团嵌套式发展，充分利用独有特色的地形地貌，形成了"多中心、网络化、组团式、生态型"格局。

在建城初期，天府新区以生态设施建设为引领，开展兴隆湖和天府公园建设；以基础设施、地下空间建设为基础，开展天府大道、剑南大道、梓州大道、武汉路等"三纵一横"骨架路网工程建设。

天府新区组团嵌套式空间格局

天府新区立交路口

天府新区以重大产业项目建设为抓手，推进西部国际博览城等工程。随着科创生态岛、国家超级计算成都中心、国家成都农业科技中心等项目陆续建成，天府新区产业项目能级不断提高，形成聚链成圈、蓬勃生长的产业发展态势。

依托兴隆湖、鹿溪河湿地公园、锦江生态带、梓州大道、汉州路综合管廊等生态设施，天府新区城市承载能力显著提升。秉承"从沿路到沿河、从背水到面水、从分离到共融"的规划理念，天府新区压缩生产空间、调优生活空间、扩大生态空间，逐步呈现出大开大合、显山露水、高低错落、疏密有致的大美城市格局。

2018年，习近平总书记考察天府新区时创新提出"公园城市"理念。从此，天府新区作为"公园城市"理念首提地，将勇担使命，探索新的城市发展模式，开启公园城市发展新篇章。生态文明建设已纳入国家发展总体布局，已成为实现美好生活、建设幸福家园的国家战略。

科创生态岛启动区

国家超级计算成都中心

天府新区规划展示厅

　　公园城市，是人类进入生态文明新时代全面体现新发展理念的城市发展高级形态，是生产生活生态空间相宜、自然经济社会人文相融的复合系统。它符合城市建设发展的阶段特点和客观规律，与"山水城市""绿水青山就是金山银山"等论述一脉相承，是习近平生态文明思想的具体实践，是总书记提出的未来城市可持续发展范式。公园城市理念具有鲜明的原创性，既为我们提供了科学的营城观和方法论，又是指导四川天府新区城市建设实践最根本的理论来源。

公园城市理念具有鲜明的系统性

当前城市化路径渐遇瓶颈，城市可持续发展问题突出，生态环境退化严重，城乡建设用地增长迅猛，城市空间发展诉求强烈，生态空间侵占现象普遍，城市发展造成严重环境污染。生态产品供给不足，城市绿地总量不足，生态服务产品供给的数量与品质仍然无法满足人民日益增长的美好生活需要。文化风貌特色趋弱，城市风貌特色普遍缺乏，城市建设未充分顺应山水格局，未能全面展现人文特色。城乡二元特征仍然明显，城市对乡村的反哺带动不足，乡村发展动力缺失、设施建设滞后，城市发展亟待推进"治病健体"工作。

中央城市工作会议指出，城市工作是一个系统工程。做好城市工作，要顺应城市工作新形势、改革发展新要求、人民群众新期待。

要坚持集约发展，框定总量、限定容量、盘活存量、做优增量、提高质量，立足国情，尊重自然、顺应自然、保护自然，改善城市生态环境，

中央城市工作会议提出"一个尊重、五个统筹"要求

在统筹上下功夫，在重点上求突破，着力提高城市发展持续性、宜居性。

要尊重城市发展规律；统筹空间、规模、产业三大结构，提高城市工作全局性；统筹规划、建设、管理三大环节，提高城市工作的系统性；统筹改革、科技、文化三大动力，提高城市发展持续性；统筹生产、生活、生态三大布局，提高城市发展的宜居性；统筹政府、社会、市民三大主体，提高各方推动

城市发展的积极性。

党的十九大把坚持新发展理念作为新时代坚持和发展中国特色社会主义的基本方略。新发展理念坚持以人民为中心，进一步科学回答了实现怎么样的发展、怎样实现发展的问题，深刻揭示了实现更高质量、更有效率、更加公平、更可持续、更为安全的发展之路。公园城市以创新、协调、绿色、开放、共享的新发展理念为指引，积极顺应时代发展趋势，抢抓时代机遇。

《四川天府新区核心区公园城市研究》系统性地将公园城市的理念研究传导到未来的城市规划与建设当中，在构建天府公园城市发展的顶层设计中充分响应了"一个尊重、五个统筹"重要思想的要求，兼顾了城市工作的全局性、持续性、宜居性、积极性和系统性。

2022年，国务院正式批复同意成都建设践行新发展理念的公园城市示范区，天府新区编制《践行新发展理念的公园城市示范区——天府新区建设总体规划》，为天府新区建设新发展理念的公园城市示范区指明了工作路径。

1. 公园城市理念统筹空间、规模、产业三大结构，提高了城市工作全局性

天府新区坚持生态优先，筑牢天蓝、地绿、水清的生态基底，基于生态敏感维度、生态维育等维度构建综合生态安全格局、确立全域生态空间体系，蓝绿空间占比达到70%。严守生态底线，修复以龙泉山、兴隆湖、鹿溪河为代表的核心生态要素，保护山水田园的生态本底，全面保障生态安全。

在生态基底保护的基础上，天府新区着力保障生态安全、保护生态空间，严格控制建设用地规模，以"一个城市组团就是一个产业功能区"的指导思想构建了天府总部商务区、成都科学城、天府数字文创城等三个产业功能区组团化布局的城乡空间格局。

天府新经济产业园

天府新区践行了绿色先行，探索了人与自然和谐共生的高质量生态示范，从空间、规模、产业三大结构入手，落实城绿相融的规划理念。

2. 公园城市理念统筹规划、建设、管理三大环节，提高了城市工作系统性

天府新区坚持策划先行，以科学理念引领城市规划建设。树立系统思维，科学把握发展趋势，坚持先策划后规划，对事关城市发展的重大问题进行深入系统研究，厘清城市资源禀赋、人文优势、基础条件、产业定位等条件，再将策划转变为规划。在规划理念和方法上不断创新，增强了规划的科学性、指导性。通过规划统筹，为城市发展从战略谋划到详细建设提供了全流程技术管控与指引。构建智慧城市全周期运营管理系统，以"天府大脑"为核心，利用三维地理信息系统（3DGIS）、建筑信息模型（BIM）、物联网技术等构建城市规划建设、管理全周期、多维度管理平台。

科创生态岛近零碳园区

按照"政府主导、市场主体、商业化逻辑"原则，推动生态资产增值，创建生态价值转化"公园+"模式，实现生态价值外溢，提升城市品质。

全面推进绿色建筑，加快应用装配式建筑技术，推广低碳绿色交通，打造"碳惠天府"特色品牌，实现城市资源和功能的定向配置。

3. 公园城市理念统筹改革、科技、文化三大动力，提高了城市发展持续性

天府新区坚持"创新引领、科技赋能"，推动成都科学城全面提能。着力构建重大科技基础设施集群、多层次创新平台集群、校院地协同创新集群和国际技术转移中心，以天府动力源重点片区建设为引领，精准落实市委"三个做优做强"、产业建圈强链工作部署，争创综合性国家科学中心。

兴隆湖科技融合转化基地

中国西部国际博览城

天府国际商务中心

广汇雪莲堂美术馆

天府青年文创艺术中心

为进一步拓展创新深度，天府新区筑强成都科学城"一核四区"创新策源地功能。创新产业载体，以中国西部国际博览城、天府国际会议中心、兴隆湖科技融合转化基地、成都超级计算中心、国家农业科技中心、中国科学院成都科学研究中心、海康威视成都科技园、商汤科技成都研发中心、华为鲲鹏、国际技术转移中心等项目为引擎，打造公园化产业功能空间；并构筑产业平台，践行创新先行，搭建高品质支撑服务体系，探索高能级的产业示范。

践行协同先行，天府新区探索内外联动、高水平的开放示范。依托天府国际机场、双流国际机场、高铁天府枢纽站强化城市链接、通达全球，面向"一带一路"、国家级新区群、成渝地区双城经济圈构建互联互通的战略大通道。搭建成渝合作平台，建立跨区域产业合作联盟，包容多元文化，汇聚全球资源。

围绕创新产业特点，打造中意会客厅、广汇雪莲堂美术馆等文化设施，保护好同治龙窑、广都遗址、二江寺拱桥、太平老街等历史遗迹，挖掘天府文化

二江寺拱桥

太平老街

　　沿着太平老街转一转，与街坊邻居们摆摆龙门阵。顺着丹土地老街坊走一走，在得卷书院看书、喝茶。到同治龙窑看一看，感受燃烧百年的窑火，体验明清土陶的工艺传承与文化积淀。

的活化与利用方式，传承天府文化基因、创新特色演绎，传递公园城市文明。将新文化发展与公园城市建设融合来推动文化产业向特色化、创新和融合方面发展，展现天府新区传统与现代交织的多元文化。

4. 公园城市理念统筹生产、生活、生态三大布局，提高了城市发展宜居性

　　天府新区坚持以人民为中心，统筹布局生产、生活、生态服务体系，提供全民共享的公共服务，打造绿色活力的宜居环境，建立绿色安全的出行方式。

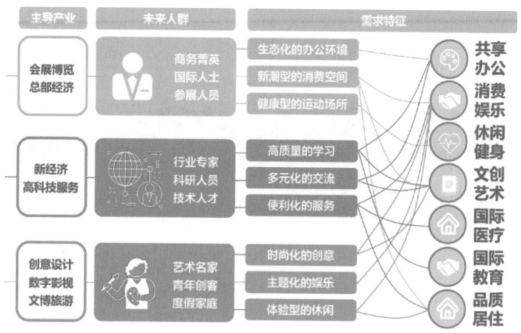

产业功能区人群需求特征

　　结合三个产业功能区"高学历、高收入、年轻化"的人群特征，提供符合需求的产业配套公共产品，形成城市产业与城市生活互促互荣的现代城市建设新格局。聚焦人群的需求偏好，均衡布局高标准的公共开放空间，配置多元、高品质的公共设施，实现公共设施全民共享。

　　以需求定供给，精准配置国际化高品质公共设施，兼顾不同年龄段、不同休闲偏好的使用人群需求，实现公共设施全民共享。构建多元类型和多元主题的公共产品体系，塑造城市文化特色，提升城市吸引力。服务公园社区生活，以公园、社区绿地等公共开放空间为核心，均衡布局基本公共服务网络，天府新区构建"15分钟高品质生活圈"。

　　聚焦绿色出行，强化"轨道+公交+慢行"三网融合的通勤圈建设，依托社区绿道打造"上班的路"与"回家的路"。构建互联互通的地下公共步行空间体系，通过一体化设计实现范围内地下全连通；通过下沉公园，将地上地下慢

中信"最美书店"

"最美书店"掩映于湖光树荫之间。有林间小鸟啾啾鸣唱，有游鱼与书客对视的惊喜；有智慧新知的火花闪现，有书本与纸张的墨香传递。

湖畔露营

行系统互联，布置便民服务设施。通过公共交通整合，减少换乘接驳对常规交通的干扰。采用多种方式链接片区，构建地上地下一体化慢行体系，打造完善的地上地下一体化慢行体系。

　　强调促进交往的绿色出行空间，鼓励绿色出行，注重道路与绿色环境的协调融合和养护成本的经济合理，打造绿色友好可达的公园化街道空间。

室外运动空间

滨水绿道

5. 公园城市理念统筹政府、社会、市民三大主体，提高了各方推动城市发展的积极性

践行共建先行，天府新区探索公平正义的治理示范。以党建引领国际化公园社区发展治理，天府新区共创"园区+社区"联动的公园社区多元治理模式，以商业化逻辑有力地推动了公园社区运营，整合了社区资源，释放了社区活力。

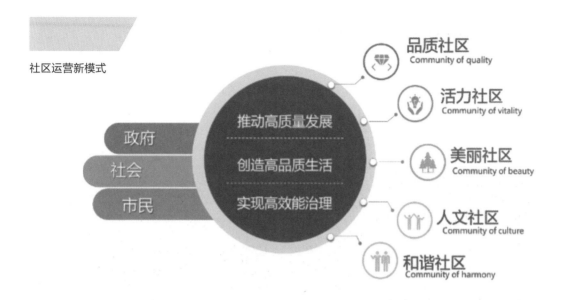

社区运营新模式

创新社区参与机制，整合社区资源，释放社区活力，努力营造共建共治共享的良好氛围，进一步提升社区各类主体的认同感、责任感和参与度、满意度。运用平台使园区与社区联动治理，为产业发展与个人成长搭建个性化平台。

因地制宜，精准施策，积极探索创新不同类型国际化公园社区的治理模式。创新企业共同参与社区运营新模式，多途径、多方式、多类型借力专业社区治理团队，努力建成具备国际一流治理水平的国际化社区。

以"城市统筹者、城市智囊团、城市运营商"三大主体统筹城市建设管理，天府新区塑造多元共建机制。构建高效共治体系，提升智慧治理水平，共享多元智慧场景，实现新型智慧城市全局现代化的精细治理。

通过践行新发展理念的公园城市示范区建设，天府新区创新营城模式，提供了城市发展的变革模式，全方位探索了破解"大城市病"的科学方法。公园城市全面、深刻地响应了时代召唤，充分尊重人与自然关系演进规律，是实现人与自然和谐共生、构建人与自然生命共同体的时代选择，为高标准推进社会主义现代化城市建设指明了方向。

天府路演艺术中心坐落于兴隆湖畔。在这里，年轻人联谊交友，小孩子玩耍嬉戏，老年人散步谈心。精心设计的建筑与环境不仅是举办各类社会活动的重要载体，更是促进多元化交往的活动空间，让和谐与共享激发更多美好的瞬间。

天府新区的实践证明，公园城市充分尊重了"人类社会发展规律、人与自然演进规律、城市文明发展规律"，是新时代城市发展的高级形态，是新发展理念的城市表达。它是城市文明的继承创新，是人民美好生活的价值归依。它体现了鲜明的全局观和整体性，为城市高质量发展提供了系统性的顶层设计。

公园城市理念具有鲜明的人民性

"以人民为中心"已成为城乡发展的时代要求。《国家新型城镇化规划》明确要坚持以人为本、公平共享的原则，以人的城镇化为核心，稳步推进城镇基本公共服务常住人口全覆盖，促进人的全面发展和社会公平正义，使全体居民共享现代化建设成果。

党的二十大报告擘画了全面建成社会主义现代化强国的宏伟蓝图，贯穿以人民为中心的发展思想，对进一步增进民生福祉、提高人民生活品质作出了新的重要部署。报告强调要不断实现人民对美好生活的向往，要实现好、维护好、发展好最广大人民根本利益。

公园城市理念深刻践行了以人民为中心的时代要求，出发点是人民对美好生活的向往，落脚点是彰显以人本价值为导向筑造理想家园、增进人民福祉。

1. 从"产-城-人"发展逻辑转变为"人-城-产"发展逻辑

天府新区从"以廉价要素吸引企业，企业吸引就业和人才"的传统"产-城-人"发展逻辑转变为"人-城-产"发展逻辑。

天府总部商务区、成都科学城、天府数字文创城等三大功能区的人群特征体现为高学历、高收入、年轻化，通过充分挖掘人群需求，提供所需要的生态环境、城市生活和公共服务，吸引人才聚集，企业创造繁荣，最终实现人-城-产的和谐发展。

从使用者角度出发，天府新区将单纯的物质空间建造，转变为精细化营造体现人本理念的美好生活场景发生地，全面营建城市生活场景、科技创新场景、商务场景、休闲场景等。

滨水绿地

湖畔林荫

在天府新区中央总部基地，以天府公园为核心打造中央商务公园、建设未来城市新中心，形成人字绿廊引领、总部经济要素聚合、融合轨道交通与步行为一体、整体开发地上地下空间，以文商聚气、打造多元人文活力汇聚的总部商务场景。

天府国际会议中心

天府直播策展中心

在麓湖，以营建高质量生态网络、文商旅体融合产业、高品质配套、高颜值环境为路径打造公园社区治理国家样本和活力宜居的生活场景。

在鹿溪智谷高品质科创空间，以创新驱动的产业发展、未来科技的城市形态为引领打造科技创新策源地和创新体验场景。

麓湖国际化社区

中意文化交流中心

圆与方、虚与实。竹林婆娑、荷塘汀步、光影灵动。
中意文化交流中心用建筑艺术构建梦幻畅游的空间。

在天府数字文创城，以"蓝绿渗入，亲绿融城，城绿共生"的组团化城市空间格局、数字影视+创意设计为特色的产业体系为发展路径引领公园城市文创表达典范区建设，提供多元化的文创休闲体验。

2. 从"文化、教育、体育、卫生、养老"领域全面提升人民生活水平

公园城市在幼有所育、学有所教、劳有所得、病有所医、老有所养、住有所居、弱有所扶等方面不断探索新进展。天府新区编制医疗、教育、养老、乡镇便民、体育等相关专项规划，以专项规划为指引并将其落实到设施建设中去。新区构建以华西天府医院为引领的医疗卫生体系，建设天府七中、天府四中、天府中学、天府一小等教育设施体系，建设桐堂共享公寓等安居空间，建设多层级的养老设施、体育设施、便民设施，不断提高设施建设硬件水平与制度管理水平，促进人民群众在共建共享发展中有更多获得感，是实现人民对美好生活向往的复合载体。

天府公园

第二章

国土空间 描绘蓝图

新时代新路径

习近平生态文明思想是习近平新时代中国特色社会主义思想的重要组成部分。新时代中国实现"两个一百年"奋斗目标，需由高速增长阶段转向高质量发展阶段，坚持底线思维，探索高质量发展新路径。生态文明建设和高质量发展是中国现有模式转变的必然选择，是符合新时代中国特色社会主义发展的路径，是体现高质量发展的可持续发展模式。

1. 构建国土空间规划体系

构建国土空间规划体系，是实现生态文明建设和高质量发展的重要举措。2015年12月，中央城市工作会议提出"以主体功能区规划为基础"统筹各类空间性规划，推进"多规合一"。2018年3月，党的十九届三中全会指出强化国土空间规划对各专项规划的指导约束作用，推进"多规合一"。2019年1月，中央全面深化改革委员会第六次会议审议通过了《关于建立国土空间规划体系并监督实施的若干意见》，将主体功能区规划、土地利用规划、城乡规划等空间规划融合为统一的国土空间规划，实现"多规合一"，强化国土空间规划对各专项规划的指导约束作用。规划体系的变革，前所未有地同国家的改革进程密切地联系在一起。

《中华人民共和国土地管理法》（修正案）将落实国土空间开发保护要求作为土地利用总体规划的编制原则，明确了依法批准的国土空间规划是各类开发建设活动的基本依据，确立了国土空间规划体系的核心地位。

国土空间规划体系分为五级三类。三类是指总体规划、详细规划和专项规划。"五级"是指土空间总体规划分为国家级、省级、市级、县级和镇

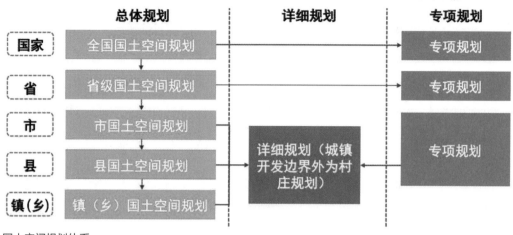

国土空间规划体系

（乡）等5个层级。

通过建立空间规划体系，划定生态、生活、生产空间开发管控界限，落实用途管控。优化国土空间开发保护制度，建立空间规划体系，是落实生态文明建设的必然要求，也是高质量发展的必需手段。

2. 国土空间规划的任务与要求

国土空间规划强化战略引领，是建设全面体现新发展理念城市的纲领，是落实生态文明建设要求，推进新时代高质量发展、支撑"三步走"战略目标、统筹土地保障和资源保护的管控平台，需要兼顾问题导向、目标导向与实施导向，将战略目标落实到具体的建设路径，为城市未来发展描绘出全方位多层次的建设蓝图。其要求是在充分研判现状发展基础与农业生产适宜性评价、城镇建设适宜性评价、规划实施评估、规划风险评估的基础上，提出城市战略定位与发展目标，传导空间格局与底线管控内容，统筹各类资源与空间修复整治，并为全面落实高质量发展匹配要素。

天府新区国土空间格局构建

为贯彻国家和省、市关于构建国土空间规划体系的决策部署，落实相关管理要求，天府新区编制了四川天府新区直管区国土空间总体规划，提出将四川天府新区直管区建设成为未来城市新中心、成渝地区双城经济圈创新极核和开放门户、国家级新区高质量发展样板和新时代公园城市典范的战略定位。

天府新区按照自然资源部"三区三线"划定规则以及四川省自然资源厅的要求，开展天府新区"三区三线"划定工作，划定城镇空间、农业空间、生态空间，划定永久基本农田、城镇开发边界，区内无生态保护红线。严格落实

天府新区组团化空间格局

《成都市国土空间总体规划（2021—2035年）》下发的永久基本农田任务，划定永久基本农田边界，严格保护四川天府新区内优质耕地和集中连片耕地。

天府新区坚持生态优先，尊重自然地理格局，保护山水生态骨架；坚持保护和开发相协调，强化底线管控，按照资源紧约束，统筹生态、农业及城镇等功能空间；充分尊重自然生态本底，避免城镇粘连发展，形成组团化嵌套式空间布局模式。

通过严格落实底线管控，提出农用地整治、植被修复保护、水环境综合治理、水土流失防治、人居环境综合提升修复、地质灾害综合防治等措施。天府新区研判产业发展路径，配套高品质生活设施与基础设施，描绘了天府新区蓝绿共生、城乡融合的中心城区与乡村振兴蓝图。以国土空间规划为规划建设依据，天府新区深度践行一张蓝图管到底的规划管理思路，布局了组团嵌套的城市空间与城乡融合的乡村振兴空间，构建保护"一山两片"，发展"双轴四区"的国土空间保护开发总体格局。

"一山"是指龙泉山城市绿心，通过对其进行森林抚育和低效林改造将有效增强生态系统碳汇能力，保护鸟类迁徙廊道，推动生态价值转化。"两片"是指新兴都市现代农业区和籍田都市现代农业区，重点发展规模化农业和强化农田基础设施建设。

"双轴"是指南北向城市功能发展轴及东西向创新驱动轴。南北向城市功能发展轴依托天府大道，连接北部的成都中心城区及南部的眉山市，进一步聚集和强化城市核心功能。东西向创新驱动轴依托科学城中路，连接西部的成都生命科学创新区及东部新区未来科技城，打造西部（成都）科学城。

四个城市功能片区包括天府总部商务区、成都科学城、天府数字文创城及华阳城市综合服务区，可提升服务经济发展水平，推动新兴产业集聚发展及数字文创产业创新突破发展。

"一山两片、双轴四区"的国土空间总体格局，充分体现了天府新区以生

成都科学城

态空间为基底、组团化的城市布局模式，推动城市从"无序蔓延"到"组团紧凑"发展；严格控制了城市发展规模，落实了国土空间规划底线管控的要求，促进了山水人城和谐相融。

1．组团嵌套的城市空间格局

以四川天府新区直管区国土空间总体规划等上位规划为依据，天府新区编制了天府新区成都科学城扩展区控制性详细规划、天府新区华阳－万安片区控制性详细规划、天府数字文创城核心区控制性详细规划方案优化研究等规划，对城市产业发展、功能分区、用地布局、道路交通体系、公共服务设施及市政设施、绿化景观、城市风貌、土地建设强度等建设内容进行了细化深入的研究，落实了空间布局，科学指导了天府总部商务区、成都科学城、天府数字文创城及华阳城市综合服务区等城市片区的科学发展、有序建设，为重大项目落地提供了有力的规划支撑。

得益于组团布局的城乡空间格局，成都科学城、总部商务区、文创城等产业功能分区散落位于四川天府新区的土地上。城市组团之间分布着大量的绿化生态空间，拥绿亲水，与山为邻。

鸟瞰成都科学城、兴隆湖、龙泉山

天府总部商务区鸟瞰

天府大道如同一条彩带，串起沿路的产业功能区。途经天府总部商务区，可见风格别致、外观精美的建筑群。远眺兴隆湖，沿路遍布绵延的鲜花与绿树，还有碧波荡漾的秦皇湖、与绿地相映成趣的红砂岩，望山见水，感受人城和谐相融。

（1）天府总部商务区

天府总部商务区集聚商务会展、总部经济等主要功能，规划总部经济聚集区、全球会展博览城、国际消费新商圈、公园城市示范区，未来将打造世界级商务区和成都未来城市新中心。

天府总部商务区助力成都建设国际消费中心城市和国际会展之都，将有利于加快推动天府总部商务区高质量发展，引领区域产业提能升级。天府大道两侧区域作为打造西博城商圈的重要节点，将集聚世界顶级零售、消费与体验业态。以天府总部商务区东区为核心，以远处龙泉山为背景遥相呼应，塑造具有节奏感的城市轮廓。沿天府大道规划观景廊道，实现远眺山水城景。在天府总部商务东西区构建城市特色地标，围绕地标建筑形成以人字绿廊为核心的空间形态，以现代都市风貌为基调，整体突出现代、时尚、简洁、高效的特色。

（2）成都科学城

成都科学城集聚科技服务、高新技术服务等主要功能，规划高新技术服务业引领区、以数字经济为核心的新经济集聚区、公园城市示范区，打造综合性国家科学中心。

成都科学城是以基础研究为主的具有全国重要影响力的创新策源地、践行公园城市理念的生态价值转化示范区、成渝地区重要的对外开放枢纽。

该片区以兴隆湖、鹿溪河、石子山、庙子沟等构成内环生态骨架，以毛家湾绿楔、二绕林田生态带、东风渠生态带等生态绿楔共同构成外环生态骨架。

成都科学城远眺兴隆湖

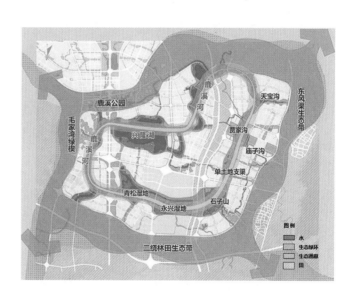

成都科学城生态格局

通过生态廊道形成双环嵌套、廊网共生的大生态格局，塑造城绿相融的公园城市空间格局。片区构建了"以重大公共服务为支撑，基本公共服务为主体，差异化精准配套为特色"的公共服务设施体系，打造重大活动载体，同时构建"15分钟生活服务圈"保障基本民生。

以兴隆湖为景观核心，环湖控制形成"一环连五点"的皇冠形天际轮廓，塑造湖光山色入城、起伏韵律有致的空间形态。在滨水区域形成良好的渐进式建筑层次，沿天府大道、以兴隆湖为核心分别规划观景视廊。重点打造科创生态岛等地标节点，构建环兴隆湖地标带。以现代风格、科技风范为基调，色彩突出沉稳、科技、几何、灰彩，呈现出成都科学城活力多元的科技中心特色。

（3）天府数字文创城

天府数字文创城聚集文创旅游、国际交往等主要功能，规划了天府文创新极核、数字传媒新基地，着力打造国际创意设计策源高地、中国数字影视创新集聚区、世界文创旅游消费目的地。

中意文化交流中心

天府数字文创城

　　天府数字文创城结合天府新区现状独特的浅丘地形地貌特征，呈现远观山、近看湖、山水城融合的城市天际线。沿天府大道规划一级观景廊道和二级观景视廊。

　　以中意文化交流城市会客厅等大型文化公共建筑为核心，打造城市门户地标。将传承与发展地域特色空间基因作为风貌基调，片区色彩突出古朴、秀丽、创意、文化的特点，打造生境原野、基因传承、趣味体验的数字文创公园城市。

天府新区华阳街道伏龙小区城市有机更新场景

（4）华阳城市综合服务区

华阳城市综合服务区聚集居住、商业、文化休闲等复合功能，将被打造成生态宜居、配套完善的高品质综合服务区。华阳老城锦江沿线重点控制河流弯曲凹凸形成的对景空间，建设高层地标建筑、大体量公共建筑等，构建沿锦江滨水地标带，形成显山露水、大疏大密的天际线。

华阳老城未来的城市规划建设管理侧重于开展城市有机更新工作，对老旧小区、公共空间进行提质改造，完善各类设施，优化生活环境。城区色彩以体现休闲宜居的特点作为风貌基调，色彩突出人文、多元、温润、暖彩的特点，打造具有"烟火气、人情味"的老城区。

2. 城乡融合的乡村振兴格局

2019年年初，四川省启动了一场涉及面广泛、深受群众关注、影响深远的重大基础性改革，即全省乡镇行政区划和村级建制调整改革（简称两项改革）。2021年11月，统筹推进全省乡村国土空间规划编制和两项改革"后半篇"文章工作会议在成都召开。

会议强调要坚定以习近平新时代中国特色社会主义思想为指导，全面贯彻落实党中央大政方针和省委决策部署，统筹发展与安全、开发与保护，紧扣"按实际划分片区，按片区编制规划，按规划优化布局、配置资源"的方向路径，科学编制乡村国土空间规划，做深做实两项改革"后半篇"文章。大力推动乡村全面振兴和县域经济高质量发展，为新型城镇化奠定重要基础，不断提升全省基层治理体系和治理能力现代化水平。

以四川天府新区直管区国土空间总体规划为依据，天府新区编制了四川天府新区直管区天府科创文旅生态片区国土空间总体规划等镇级、村级片区国土空间规划，传导上位规划要求，为天府新区城乡融合发展落实建设目标、细化空间布局。

（1）镇级片区乡村国土空间规划探索

从目前国家、省市战略层面的政策导向来看，坚持扎实推进乡村振兴，对促进城乡融合发展、坚持粮食安全都提出了更高的要求。天府新区作为建设践行新发展理念的公园城市示范区，更具有统筹城乡区域协同、城乡产业融合、城乡要素共享的基础，应积极探索具有新区特色的公园城市乡村发展新路径。

四川天府新区直管区天府科创文旅生态片区属于天府新区3个镇级片区之一。以片区为单位编制镇级国土空间总体规划，立足现状发展基础，充分衔接上位规划，以成渝地区双城经济圈建设和成德眉资同城化为契机，发挥区位优势，明晰发展方向，促进片区人口、产业及各类生产要素合理流动和高效聚集。

　　规划通过全面深入的现状调研，梳理存量用地情况、地籍信息，沟通街道对于基础设施、公共服务设施、产业项目、农用地的整理意愿。搭建人地对应台账，摸排居住用地图斑，整合人、户、地、房等信息形成数据库，全面摸清区域实际情况及发展特征。采取现场踏勘、问卷调查、入户访谈、召开村民大会等多种方式走村入户，深入掌握详细情况。

　　该片区位于天府新区东侧，涉及太平、永兴、兴隆等街道，西邻成都科学城、天府数字文创城、天府总部商务区，东临龙泉山城市森林公园，具有优越的都市近郊经济辐射和生态田园基底。其产业属于现代服务业型，未来聚焦科技研发、应用转化、生态旅游主导功能，强化城乡功能深度互融，依托城市重大产业资源及龙泉山城市森林公园的生态文旅功能，建设具有影响力的天府科创文旅生态片区。

桃源归谷和美乡村

桃源归谷和美乡村

规划提出筑强农业基底，强化生态价值的发展策略。优化城镇村功能布局和空间结构，推进片区农业向规模化、科技化、产业化、信息化发展。以国家农业科技中心现代农业技术为驱动，重点开展应用基础性、战略性、前瞻性科技创新，构建以技术创新、成果孵化"双轮驱动"为特色的农科集成核心。加强耕地保护，着力提升村庄耕地质量，促进农作耕种，同时结合国家农业科技中心集成示范基地建设，加强现代农业科技研发，发展试验示范、农科体验等产业。提升农田的经济价值和景观价值，重点发展规模化、景观化的园地种植，积极融入民俗文化、创意设计等功能，发展林下经济和生态旅游，兼顾生态功能和经济效益。以现代农业园区为引擎，辐射带动片区农业产业发展，形成蔬菜种植基地、经济果木种植基地、水产养殖基地、高标准粮油种植基地、云崖兔养殖基地等农业发展片区。构建镇村两级农业产业

草莓园基地

现代化保障，配置集合初加工、冷链储存、物流供应等功能的农产品节点中心，同时围绕现代农业园区设置农产品冷链物流集配中心，为蔬菜、水果、水产三大门类农产品提供高效的物流服务。同时，围绕中心村按需设置田头小站服务设施、农业产业生产配套。

聚焦科创要素，赋能产业发展。充分发挥背靠科学城和总部商务区的产业优势，吸纳科技研发、会展服务等技术策源输出资源和客群资源，打造集成农科成果转化输出、高科农产品牌认证、高科技术展示、田园创享、创客孵化、社区共享等功能为一体的产业场景。依托同治龙窑、明清古街、锦鲤基地、特色美食民俗等在地资源，承接城市组团的创意和科技创新等功能外溢，植入丰富的功能业态、打造有趣的空间载体、衍生特色文创周边、举办创意交流活动，营造多元化创意主题消费场景。在产业用地布局上，充分利用现状质量较好且已腾退的林盘，通过功能置换、改造升级转型为产业林盘，节约建设成本，保

老龙片区和美乡村

留原乡风貌，重塑乡村活力。在临水临路、地势开敞、生态环境好的位置适当预留产业用地。预留产业用地的规模遵循"大小结合"的原则，灵活应对不同类型产业的发展需求。

汇聚文化特色，彰显品质共享。全面梳理片区川西林盘资源，保留100余处特色林盘。以宜居宜业宜游为核心理念，延续乡村环境肌理，系统保护利用川西林盘林盘聚落。挖掘林盘优势特色，按照居住服务、产业服务、生态保育三类指引，重塑川西林盘新活力。以太平老街文化、丹土地明清文化、南新村新时代乡村文明为核心，打造可感知的历史空间，形成全域文化地标，彰显文化特质。融合创新元素，在历史文化资源基础上植入文旅项目、文化公园等多元载体，创造独特的乡村文化景观，活化区域文化脉络，依托绿道串联区域内主要文化资源点，衔接龙泉山及东风渠。以显山、露水、亮田为原则，打造"景区化、景观化、可进入、可参与"的公园城市大美乡村景观。

（2）村级片区乡村国土空间规划探索

乡村国土空间规划作为统筹推进两项改革"后半篇"文章重要抓手，紧扣"按实际划分片区，按片区编制规划，按规划优化布局、配置资源"的路径开展规划编制，让乡村规划成为推动全省乡村大发展的动力引擎，着眼于推动片区高质量发展，将有力地推动乡村全面振兴，塑造共同富裕乡村。

天府新区编制了合江场片区"多规合一"实用性村级片区国土空间规划、永兴街道井堰片区乡村国土空间规划、刘家坝片区"多规合一"实用性村级片区规划、韩婆岭片区"多规合一"实用性村级片区规划、籍田街道地平片区国土空间总体规划等多个村级片区国土空间规划，积极探索了"公园城市乡村表达"，探索了大城市近郊乡村地区的城乡融合发展路径，实践了天府新区城乡协同发展和融合，为乡村建设发展提供了科学的规划指引。

良田万顷、茂林修竹的丘陵地貌展示出天府粮仓的壮美画卷。风格异趣的新村聚居点、高低错落的川西林盘如同一颗颗珍珠，散布在天府新区的广袤农田上。

● 合江场村级片区

该片区地理位置优越，位于城市近郊，连城接山、高铁覆盖、双空港辐射。建设处于起步阶段，重大科学项目正聚集成势，高铁枢纽推动片区能级和开发水平快速提升。

规划提出打造世界知名的具有新区公园城市特质的城乡融合会客厅和提高市民获得感、幸福感、满意度的公园城市新窗口的定位，凸显"生态交往地、科学后花园"的形象。以龙泉山、天府高铁枢纽为核心，打造门户交往节点；以成都科学城科学家园为引领，打造科学服务聚落；以精品项目促进生态价值转化为目标，打造生态消费公园。

以高铁站点为核心，规划引导该区域形成"城-站-乡"要素互动新模式，承接区域对外消费交往功能，实现对外开放格局的转变。主动以承接城市功能配套服务的方式"延链强链补链"，为科学家提供充满活力的生态交往场所，打造完善的乡村服务配套聚落，探索城乡互联互链的转变。

合江场片区城乡互联互链模式

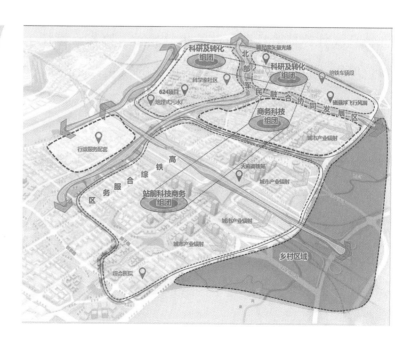

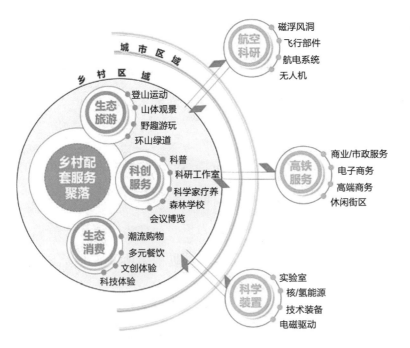

城乡互动发展模式

融入龙泉山城市森林旅游体系，协同优质生态本底，依托龙泉山旅游大环线，倚靠高空餐厅、高空栈道等观景项目，凸显科创特色服务，打造具有合江特色的精致、高端、潮流、科技化的特色度假目的地，探索生态门户价值的转变。

● 井堰村级片区

该片区与成都科学城、天府数字文创城紧密嵌套，是典型的临城乡村，对外交通便捷。依托临城优势，深耕农业种养的资源本底，通过成都科学城、天府数字文创的核心资源带动，规划提出片区发展定位为临城农文旅融合示范区。

田园风光

片区以粮油种植为基础，结合区域优势特征，形成"一心两带五区"的产业结构。规划构建高质量都市现代农业生产基地，围绕"稻+渔""稻+果""稻+蔬"构建产业生态圈。丹土村锦鲤养殖已经形成锦鲤育苗、生态养殖的农业产业链，是知名水产养殖品牌。结合丹土锦鲤品牌，依托水产现代化农业园区建设，推进"稻+渔"农业融合发展。

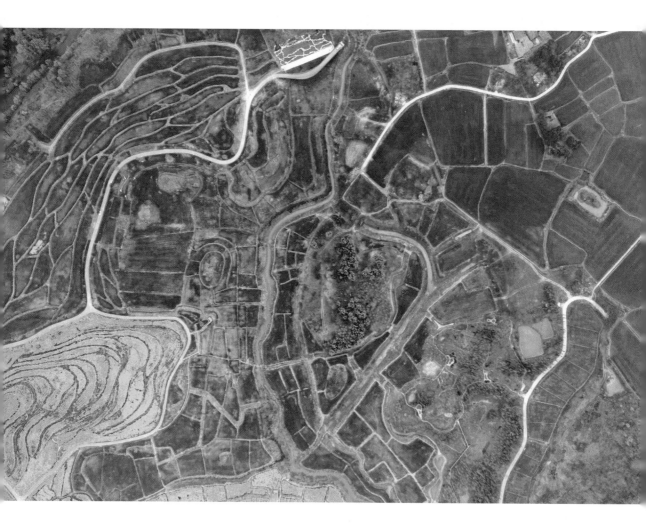

引导田、果、林立体化发展，形成集高品质规模生产、销售、农业休闲体验等为一体的现代农业示范区，整合科技资源，赋能农业生产，形成科技成果转化与展示的示范基地。以同治龙窑为核心，优化文化资源创意性转化与陶艺产业链延伸，创新乡村振兴示范场景。

● 刘家坝村级片区

该片区位于天府核心区域、城乡交融之地，被高能级城市组群和高质量产业集群包围，区域市场认可度和投资热度极高，发展潜力巨大。鹿溪河穿越而过，林区、丘区、坝区多样分布，自然生态本底资源优越。本地居民对片区的归属感强烈，极具发展意愿，周边高潜力消费客群初具规模。

规划提出打造国家公园城市标准化试点——乡村振兴经济试点的总体定位，凸显三大发展目标：推动"三农"发展的全要素多类型土地高价值转化经济效益试验地、聚焦改革的以壮大集体经济组织为目的的高效能治理实践地、发展乡村经济的多领域产业高质量跨界融合发展集合地。

通过充分发挥该片区乡村优质的生态本底和空间资源优势，服务周边城市产业和人群发展，片区力争与周边产业形成上下游联动。

以"珠落玉盘、聚链共生"为发展策略，打造区域核心吸引产品、区域主要产业互动线、规模化乡村农业景观，形成点、线、面结合的产业功能布局。通过农用地整治促进农业产业增效增收、生态修复实现生态价值提升，整理盘活低效集体建设用地，激活乡村土地价值，推进农用地整治与开发利用，因地制宜建设高标准农田。

在乡村风貌指引方面，天府林盘是文化的承载者和传播者。以林盘为单位，将天府特有文化特征融入林盘建设的各方面，在林盘式"天府生活"氛围中，营造天府文化诗意田园的归属感。有机延续传统川西民居"院坝"式生活场景，维持低密度、院落化、小尺度空间感。

刘家坝片区产业
功能结构

● 韩婆岭村级片区

该片区位于天府新经济综合服务片区中部，有多条重要交通干道从片区穿越联通。规划提出"和美乡村建设试验区、新消费绿色产业公园"的总体定位，严格落实永久基本农田保护红线，保障重大基础设施及国家战略扎实落地，优化城乡建设空间，塑造全域更集约更高效的国土空间格局。以便利的近郊区位，纵向延伸农业产业链，做强都市农业，构建面向都市的绿色现代农业产业链。依托片区城乡多频次互动的特征，打造绿色低碳的未来乡村消费场景，打造"乡村再赋能"基地，提供多元化教育服务。

通过拓展耕地补充途径，规划统筹实施高标准农田建设、农田提质改造以及耕地恢复等工作，引导农村集体经济组织、农民和新型农业经营主体多渠道落实补充耕地任务，推进农用地整治与开发利用工程。整治修复水系，营造"河畅、水清、岸绿、景美"的水陆生境。

天府新区田园风光

　　在公园城市乡村表达方面，韩婆岭片区通过提质扩容推进"生态+文创+旅游"融合发展，将生态资源优势转化为特色消费新场景。加强林盘保护修复与分类利用，塑造"开窗见田、推门见绿、错落有致、成台成片"的浅丘田园风光。整合乡土文化要素，延续诗意田园美学，打造特色消费和体验场景，提高文化品牌认知度。

● 地平村级片区

地平片区位于天府新区籍田街道，区内三分良田、两分绿林、耕园林宅交错。规划提出强化创新驱动未来乡村发展导向，承接国家农业科技中心、天府数字文创城的科技文化带动功能，大力发展高端农业、精品农业、品牌农业，探索构建现代农业体系，绘就现代乡村田园新画卷，打造"乐田水韵、乡创地平"的规划定位。

强化底线管控，细化国土分区，规划严格落实蓝绿线保护要求，保障水生态安全，传导基础设施管控要求，促进设施合理落位。筑牢粮食安全底线，严守耕地红线，落实最严格的耕地保护制度。确保将优质耕地纳入耕地保护范围，规划严格落实耕地"占补平衡""进出平衡"工作。以农业规模化、现代化为路径，建设高水平"天府粮仓"。加强耕地保护，促进集中连片，筑牢确保粮食安全的农业空间。

引导耕地提质增量、果园规模成片、农用设施完善，营造"田为底，景相融"的农田景观。推进高标准农田建设，探索农田机械种植、规模种植、智慧种植。坚持满足村民美好生活向往，从推进农村厕所革命、农村污水处理、农村生活垃圾治理、农村清洁化等方面促进乡村美丽宜居升级。

聚焦"农科、农创、农旅"三大重点，全面推进农商文旅体进一步融合发展，以"农业+"理念，构建"现代农业+智慧农业+景区农业"的现代绿色农业产业链。规划"三区一环多点"多片融合发展的产业空间结构，促进农业产业化"四个"升级，强化产业提能增效，带动乡村保就业促发展。

聚焦"原乡人、归乡人、新乡人"三大人群需求，规划构建"基本+特色"乡村公共服务配套体系。构建"城-镇-村"三级公共服务圈体系，

地平片区产业空间结构

加强"基础+特色"公共服务设施的均等化、精准化配套。根据片区地形地貌与景观资源，规划构建"两区、三廊、多点"的风貌格局。以游线串联旅游节点，强化景观风貌延续性，塑造地平特色旅游品牌。以资源活化及节庆活动强化地平文化旅游体系，以文塑旅、以旅彰文，推动历史文化资源创新转化。

以镇级和村级片区国土空间规划为指引，天府新区以旅兴农，农旅共兴，承接城市功能外溢，挖掘农业的生态价值、休闲价值、文化价值，促进农商文旅体融合式发展，吸引成都都市圈人群前来天府新区度假休闲，提升农文旅发展的产业能级。在太平街道和新兴街道建设以枇杷、冬草莓和葡萄为主导产业的四川天府新区枇杷现代农业园区。其中合江冬草莓是中国国家地理标志产品，从2006年开始，已经连续多年举办合江冬草莓节。新兴街道依托邻近三圣乡的蓝顶文创产业园的区位优势，形成以"农业+创意经济"为特色的乡村创

地平片区乡村风貌格局

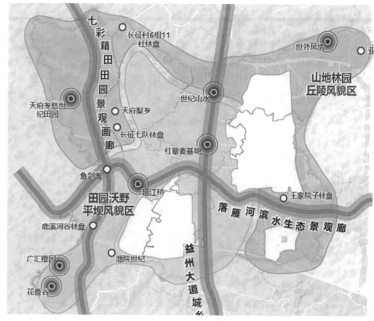

地平片区乡村游线

意经济区；太平街道依托天府高铁站、龙泉山高空栈道、太平老街等特色资源形成以"农业+高铁经济"为特色的现代绿色服务区；永兴街道依托同治龙窑、丹土明清老街形成以"农业+文化"为特色的文化乡村集聚区；籍田街道依托天府粮仓、天府梨园、七彩乡村画廊形成以"生态农业"为特色的七彩农林产业区。

官塘小村

"一去二三里，烟村四五家。亭台六七座，八九十枝花。"村口的大树、屋檐下的大方桌、桌上的盖碗茶，还有热气腾腾的火锅，亲友团坐，烟火可亲。官塘小村生动地再现了川西林盘的神韵，给渴望亲近大自然的城市居民提供了一处洗心涤尘、回归原乡的清净之地。

以"整田、护林、理水、改院"为路径，开展川西林盘整理、保护、修复。梳理具有文化资源特色和产业基础、生态环境优越等的优质林盘，制定林盘分类保护方式、林盘保护措施及分类利用方式，根据地缘环境要求、地方文化习俗，以及产业发展不拘泥于传统川西民居样式，进行创意表达。重塑"诗意田园、怡然自得"的归属感。构建"品质体验、精致多元"的场景感，延续川西生活方式和生活美学，再现诗意田园，营造"川西林盘缀田园，青山绿水绕林间"的生态美景。通过充分挖掘本地资源特色，白沙童村、官塘小村等项目已经建成投运，以综合性的农商文旅体项目代替单个的林盘改造，激活了传统林盘的生态、美学、经济、人文和生活等多元价值。

官塘小村

童 村

　　为构建乡村社区生活圈，天府新区重点完善社会服务、政务服务、生活服务等设施，健全全民覆盖、普惠共享、城乡一体的乡村基本公共服务体系，满足乡村基层治理、全年龄段人群的基本生产生活需求和精神文化需求。

村民聚居点

　　营造乡村社区扶老携幼、共建共享的服务场景，开放包容、友善公益的文化场景，青山绿水、美田弥望的生态场景，蜀风雅韵、茂林修竹的空间场景，创业孵化、技能升级的产业场景，社集联动、村民自治的治理场景。

在这里，林茂粮丰、产业兴旺、生态宜居、乡风文明、生活富裕。

天府新区深度探索了公园城市理念的乡村表达，国土空间规划的天府新区实践是对新时代美丽幸福乡村的生动诠释。

第三章

厚植绿色生态本底

绿色生态对城市发展的意义

18世纪下半叶，以蒸汽机的发明为标志的技术革命极大地刺激了生产力的发展，工厂代替手工坊，机器代替手工劳动，人类社会跨入工业时代，创造出巨大物质财富，推动了经济生产、市民生活等领域发生诸多变革。随着工业生产规模的扩大和产业工人的聚集，以英国伦敦为代表的西方大城市相继出现城市面积快速扩张、城市人口爆炸式增长的局面。1800—1900年，伦敦、巴黎以及纽约等大城市人口均达到百万级增长。城市难以适应生产力大爆发产生的冲击，城市环境急剧恶化。拥挤的居住环境、稀缺的公共卫生设施、危险的治安环境，导致社会矛盾激化，市民生活艰难，经济增长与环境保护成了难以回避的矛盾。

面对严峻的现实，城市规划领域的从业者开始思考城市与自然、绿色生态与城市健康的关系。19世纪50年代后，欧美国家掀起公园运动，英国利物浦伯肯海德公园（1846年），美国纽约中央公园（1856年）、波士顿"翡翠项链"公园体系（1895年）等相继建立。1898年，英国社会活动家霍华德提出著名的"田园城市"理论，勾勒出城镇空间和生态空间统筹发展的理想模式。1942—1944年，阿伯克隆比主持制订大伦敦地区规划方案，设置约16公里宽的绿带圈，布置农田和游憩地，作为制止城市向外扩展的屏障。1987年，世界环境与发展委员会发布研究报告《我们共同的未来》，报告正式提出可持续发展（Sustainable Development）概念。1992年，联合国环境与发展大会发表《21世纪议程》，形成了推进全球的可持续发展面向行动的战略与措施。2012年，联合国可持续发展大会发布《我们憧憬的未来》，提出"可持续发展是每一个国家、每一个组织、每一个人的共同责任"。

兴隆湖公园

　　改革开放以来，我国取得了举世瞩目的经济发展成就，实现了从生产力相对落后的状况到经济总量跃居世界第二的历史性突破。但在30多年快速城市化进程中，也出现了以大量消耗资源、破坏生态环境为代价换取高速增长的情况，诸如空气质量恶化、邻里关系缺失、人与自然疏离等曾经在发达国家爆发过的"城市病"也纷至沓来。城镇建设挤占了原有的绿色空间，削弱了土地原本的生态价值，使居住在城镇中的人失去了与大自然的联系，从而最终导致环境危机。

　　为避免重蹈西方国家"先污染、后治理"的覆辙，以习近平同志为核心的党中央在十八大做出"大力推进生态文明建设"的战略决策，将生态文明建设纳入中国特色社会主义事业的总体框架，为建设美丽中国，实现中华民族永续发展，指明了前进方向。党的十八届五中全会提出："筑牢生态安全屏障，坚持保护优先、自然恢复为主，实施山水林田湖生态保护和修复工程，开展大规模国土绿化行动，完善天然林保制度。"

2020年9月，中国国家主席习近平在第七十五届联合国大会上宣布："中国将提高国家自主贡献力度，采取更加有力的政策和措施，二氧化碳排放力争于2030年前达到峰值，努力争取2060年前实现碳中和。""双碳"目标的提出是我国对构建人类命运共同体的庄严承诺。

党的二十大报告进一步明确指出：尊重自然、顺应自然、保护自然，是全面建设社会主义现代化国家的内在要求。生态文明以"绿水青山就是金山银山"重要思想为基本内核，以坚持山水林田湖草生命共同体为方法论，以实现美丽中国、实现中华民族永续发展。

公园城市——生态文明的实践

2018年2月，习近平总书记在天府新区考察时首次提出"公园城市"理念。天府新区作为成渝地区双城经济圈内的国家级新区，应全面贯彻落实习近平总书记作出的"特别是要突出公园城市特点，把生态价值考虑进去"的重要指示精神，发挥新区先行先试的创新引领作用，坚定践行习近平生态文明思想的城市表达，致力推动经济发展与生态保护深度融合，推进生态价值转化，实现人与自然和谐共生的价值追求。

2022年2月，国家发展和改革委员会等三部委联合印发《成都建设践行新发展理念的公园城市示范区总体方案》，赋予成都新的时代使命，支持成都探索山水人城和谐相融新实践和超大特大城市转型发展新路径。公园城市是习近平生态文明思想的城市表达，是生态文明引领发展的新范式。公园城市的本质

　　成都"幸福美好生活十大工程"，持续创造高品质生活宜居地，
让市民走出家门就能到社区美空间，领略道地的成都生活美学。

在于以人的需求为核心，以山水林田湖草为载体，坚持绿水青山就是金山银山的重要理念，面向未来的新业态、新形式、新场景，打造可漫游、可参与、可交往的生态价值空间，让绿水青山成为城市永续发展的绿色资本和价值源泉，满足人类发展的需求，实现更加美好的生活。天府新区全面落实市委市政府的战略部署，保护直管区自然山水本底，稳定全域生态保护格局，锚固70%蓝绿空间基底。

苍翠秀美的竹林，
红色的夯土墙，
原木色的内饰，
让鹿溪河畔的公园城市展示厅川西风味十足。

天府新区生态格局

天府新区自然环境资源优越，山水田林生态要素汇聚，生物多样性丰富，生态优势显著，地形变化丰富，海拔为436~979 m，包含谷地、浅丘、中丘、山地等类型，丘陵特色凸显。形成山脉绵延、丘陵起伏特色形态，构筑水网密布、类型多样的水生环境。田园交融、大地景观初显，森林密布，呈现植被丰富、覆盖率高的特征。在城市组团边缘、城市内部生态廊道内，分布有大量农田。

天府新区总体生态格局为"一山两楔三廊五河"：

"一山"为龙泉山城市森林公园，是直管区核心生态要素，以建设成为世界级城市绿心、国际化城市会客厅和市民游客喜爱的生态乐园为目标。

"两楔"为新兴绿楔、毛家湾绿楔，是城市发展的生态绿隔，是城市通风廊道的生态本底，依托两楔引风入城，为城市提供良好的生态和游憩服务。

龙泉山高空栈道

山，层峦叠嶂，逶迤葱茏。

隆起的山脊与幽凉的云雾水乳交融。

龙泉山脉南北绵延200多公里，是岷江与沱江两大水系的分水岭，自然地分开了川西平原与川中丘陵，是成都东边的天然屏障与当下的绿心。龙泉山现有森林类型主要为人工柏木林，另有刺槐、女贞、香樟等。山上监测到的鸟禽包括松雀鹰、鸦、乌雕、黑鸢、凤头鹰等。

  "三廊"指北部组团生态隔离带、中部组团生态隔离带和第二绕城高速生态带。生态绿廊连通龙泉山和两大绿楔，提供控制城市边界，稳固组团化城市布局，防止城市粘连发展；同时，也具有保障生物迁徙、形成城市风廊的功能。

  "五河"是指锦江、鹿溪河、东风渠、雁栖河、柴桑河。河道水系形成贯穿城市组团的蓝带，提供水源涵养能力，缓解雨洪内涝压力，构成环境优美的河湖湿地生态空间，保证水资源循环利用，促进海绵城市建设。

天府新区公园内的绿地和水体

　　天府新区统筹区域山水林田生态本底，持续推进生态建设，已开展建设锦江生态带、整治鹿溪河生态区（鹿溪智谷生态修复、鹿溪河上游水生态治理）等项目，实施全域森林化工程、建设十里香樟等城市森林绿地，建成天府公园、云朵公园、红石公园、南湖公园，以及建成智谷绿道、益州大道绿道、兴隆绿道等生态绿道。

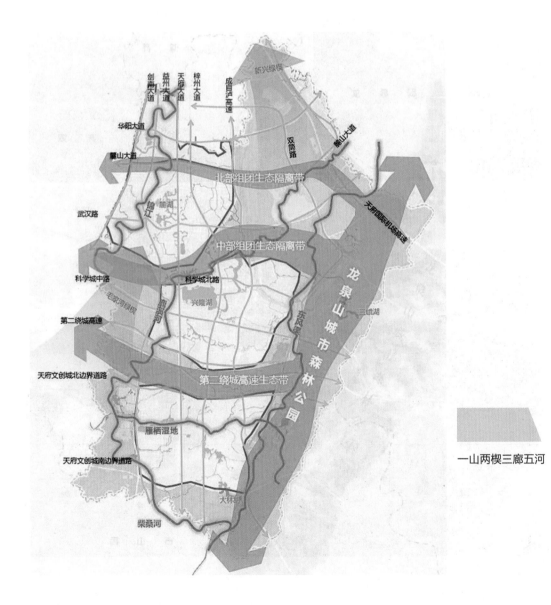

一山两楔三廊五河

在城市建设过程中，自然生态遭到破坏，生物种类匮乏。公园城市从为人民提供高品质生活出发，加强对水文、植被、物种的保护，改善城市生态，完成了使本地区生物多样性趋向丰富的任务。

兴隆湖是人与自然和谐共生的缩影。水是公园城市建设最核心的生态要素，天府新区从水质提升、生态修复、滨水空间营造等方面，全方位创新推动水生态文明建设。

天府新区绿地体系

城市绿地以自然植被和人工植被为用地形态，不仅保护城市建设用地范围内用于绿化的土地，也包含建设用地之外对城市生态、景观和居民休闲生活具有积极作用、绿化环境较好的区域。天府新区规划建设以"城绿共生""城园交融""蓝绿交织"为三大特点的有机生长绿地系统。预计至2025年，全域绿色生态网络将基本成型，城市绿量显著增加，公园绿地均衡分布，生态环境质量和生物多样性有效提升。

天府新区的城市绿地分为两个层次：一是城镇开发边界内用于绿化的土地，按照绿地主要功能再分为公园绿地（G1）、防护绿地（G2）、广场用地（G3）、生态绿地（GE）、附属绿地（XG）；二是城镇开发边界之外，对城市生态、景观和居民休闲生活具有积极作用、绿化环境较好的区域。

1. 城镇开发边界内的绿地

公园绿地（G1）分5种类型：综合公园、社区公园、组团带状公园、专类公园和游园；防护绿地（G2）主要分布在新兴工业园、交通设施、市政设施周围，具有对市政设施和工业用地进行卫生、隔离和安全防护功能；广场用地（G3）是大流量人流、车流集散的场所，主要分布在政务中心、高铁站附近，具有游憩、纪念、集会和避险等功能；生态绿地（GE）分布在各组团之间及组团内部核心区域（如青松湿地），具有生态保护、水资源调蓄和应急避难功能，适度承担现代服务业功能；附属绿地（XG）是附属于各类城市建设用地的绿化用地，以植物造景为主。

公园里的小桥

天府新区绿道建设

公园一隅

作为城市公共空间的重要组成部分，公园提供了广泛的生态服务功能——构建生态自然环境、改善城市小气候、创建休闲游憩空间、缓解大众心理压力、调节公众心理健康等，也因此缝合了生活在城市中的人与自然之间的关系。天府新区加快建立全域公园体系，统筹建设各类自然公园、郊野公园、城市公园，均衡布局社区公园、"口袋公园"、小微绿地。目前，已建成和在建的公园包括天府公园、天府森林、鹿溪湿地公园、兴隆湖湿地公园、鹿溪河生态区、锦江生态带、南湖公园、维也纳森林公园等。

公园中的各类活动

夕阳下的兴隆湖公园

　　天府新区以人本角度为导向，构建完善的"山水公园-乡村公园-城市公园"全域公园体系。天府新区以龙泉山城市森林公园为重点，依托山脉丘陵、沟渠水库等优良自然本底，打造密林苍翠的自然公园，规划形成龙泉山、毛家沟、彭祖山、石子山、老虎沟5处森林型自然公园和白沙湖、青松蜡梓湿地、籍田湿地、雁栖湖、鲢鱼水库等5处湿地型自然公园；以同治龙窑非遗公园为代表，依托林盘聚落、农林产业、郊野公园等资源，结合新兴城市功能和乡村振兴项目，打造田林交错的乡村公园，规划形成同治龙窑非遗公园、天府童村、会展小村等乡村公园，为市民创造游憩空间，提供回归田园的机会，同时促进城市产业发展和乡村振兴；以兴隆湖公园、南湖公园、天府公园为代表，打造布局均衡、类型多样的城市公园，形成综合公园、社区公园、专类公园、游园、微绿地、组团带状公园相互嵌套的良好局面。

2. 城镇开发边界外的绿地

　　城市森林比常规城市绿地能够提供更多的高绿量和绿视率环境，具有更高的生态效益和社会效益。天府新区积极实施全域森林生态建设工程，结合现状情况进行补植补种，精准提升森林质量。新区气候类型属于中亚热带季风湿润气候，年平均气温16 ℃，位于中国城市园林植物区划中的中亚热带常绿、落叶阔叶林区。地带性植被类型为亚热带常绿阔叶林，受局部地形、土壤、小气候等因素干扰，会出现以马尾松为代表的亚热带针叶林作为潜在植被类型的现象。新区全域森林资源以绿斑零散状、人工次生林为主。现状森林群落包括多种乔木树种，以常绿树（巨桉、马尾松、柏木）为主。

天府公园运动中心

城镇开发边界外的绿地

　　天府新区结合现状森林分布情况与农田、绿地、水域等用地资源情况，完善森林空间与用地的增补方案，精准落地"可森林化"空间，编制《森林分类建设规划》《森林生态系统建设技术指引》和《森林生态建设行动计划》，指导全域森林体系营造。《建设技术指引》将全域森林体系细分为六大类森林生态系统——城市森林、林盘森林、山脉浅丘森林、河岸带森林、湿地森林、路旁森林，并从基础地形营建、树种选择、植物配置等角度提出了详细的技术要求。

　　城市森林的规划和建设能够增加森林的总量，优化城市的生态系统，塑造城市特色森林景观，进一步提升森林对城市的服务功能。

天府新区绿道体系

    绿道作为线形绿色开敞空间，集生态保护、体育运动、休闲娱乐、应急避难等功能为一体，串联自然空间和人文资源，保障城乡居民可进入安全、健康的自然空间。天府新区编制《天府新区成都直管区绿道系统专项规划（2016—2035）》，依托山水田林本底、平原浅丘地形，城乡融合布局，构筑以人为本、功能复合的绿道网络系统，建设"游憩绿道–通勤绿道–社区绿道"三级绿道体系，提升城乡居民的生活品质。其中，4条主要的绿道是锦江古蜀文化绿道、东风渠大美乡村绿道、龙泉山生态旅游绿道、天府农耕绿道，均属于成都市"一轴两山三环七道"区域级绿道。

公园里的桥梁

候鸟来去，花草枯荣。
绿道依山、傍水、邻路，
蜿蜒曲折，错落有致，
容纳了四季的轮替，
消融了你我身心的疲惫。

天府新区内的锦江古蜀文化绿道起于华阳伏龙社区北侧，止于毛家湾郊野公园区域，经过安公社区、二江寺古桥、体育公园等多处城市街区、公园以及重点文保单位。绿道定位为锦江都市活力绿廊，以展示城市活力，挖掘城市文化为主体。

东风渠大美乡村绿道沿东风渠两侧生态区设置，起于太平镇北侧，止于大林镇南端，沿线串联直管区特色小镇及多处林盘，是直管区城市功能和龙泉山森林公园的重要功能区隔。绿道定位为东风渠创新小镇绿道，拟结合小镇特色打造周边绿道景观布局。

龙泉山生态绿道沿龙泉山旅游通道设置，起于太平镇北侧，止于大林湖东侧，是人们贴近自然、享受自然的重要景观廊道。绿道定位为龙泉山生态景观脊绿道，展现自然生态本底。

天府农耕绿道沿第二绕城高速两侧生态管控带布局，西起于煎茶镇西侧，东止于永兴镇东侧，保存自然田园风光。

第四章

创造宜居美好生活

天府中央商务区

高品质生活的内涵

　　高品质生活是一定经济社会发展阶段对民众生活环境构成正面和积极影响的各类因素的统称，是在提高生活水平基础上延伸与拓展的质量指标，把以人为本的理念作为根本导向，从人的自身需求出发，最终达到身心健康、生活愉悦、社会物质文化生活全面发展这一根本目的。

构建高品质生活的意义

党的十九大报告明确提出：我国经济已由高速增长阶段转向高质量发展阶段；新时代我国社会主要矛盾是人民日益增长的美好生活需要和不平衡不充分的发展之间的矛盾，必须坚持以人民为中心的发展思想，不断促进人的全面发展、全体人民共同富裕。

2018年全国两会召开期间，习近平总书记强调"努力推动高质量发展、创造高品质生活"，正式提出了"高品质生活"的概念，并在党的十九大报告中首次将人民"获得感、幸福感、安全感"并列提出，深化了对改革目的和发展归宿的认识。

2020年4月，成都市建设践行新发展理念的公园城市示范区工作座谈会提出"五个城市"重要部署，成都市加快打造高品质生活宜居地。

中信书店和点斗桥

天府新区坚持以人为本、共建共享，践行人民城市人民建、人民城市为人民的理念，提供优质均衡的公共服务、便捷舒适的生活环境、人尽其才的就业创业机会，使城市发展更有温度、人民生活更有质感、城乡融合更为深入，打造人民美好生活的幸福家园。

公园城市背景下的高品质生活特征

我们认为，公园城市的高品质生活是以满足人的需求为核心，以关注人的价值为导向，坚持安全健康的自然环境、低碳可持续的经济发展、舒适集约的空间环境、绿色高效的交通联系与完善便利的公共服务的高品质生活理念，高标准实现宜居宜业宜游的生活诉求，高质量建设全面体现新发展理念的泛生活模式。

它应体现五高特征——高活力、高友好、高舒适、高颜值、高可持续
它要实现三大核心诉求——获得感、幸福感、安全感

麓湖国际化社区

坚持以人民为中心，把人民对美好生活的向往作为规划的出发点和着力点，推动城市发展逻辑从"产城人"向"人城产"转变。注重职住平衡，以公园片区和城乡融合发展片区组织城市空间，引导产业空间、产业配套、居住空间、居住配套合理布局，营造彰显魅力天府的人文场景、优质均衡的公共服务场景、舒适便捷的绿色交通场景、多层次的居住场景、人与自然和谐共生的全域公园场景、田园雅趣的美丽乡村场景，加强城市形态规划管控，刻画"城乡嵌套的公园城市美丽形态"，以新型基础设施为引领，以智慧通信系统为核心，形成资源供应体系和排放处理体系。

天府新区构建高品质生活圈

近年来，天府新区倾力惠民生，聚智聚力，努力做到"幼有善育、学有优教、劳有厚得、病有良医、老有颐养、住有宜居、弱有众扶"，积极回应人民群众对美好幸福生活的向往，促使一项项民生新政稳步推进，推动一件件为民办实事落地生根，绘就了一幅幅安居乐业幸福图景，让新区人民更有获得感、幸福感、安全感。

1. 构建人民具有获得感的生活圈

（1）多样舒适的社区服务

从人的视角出发，根据未来人群特征和发展需求，从实现人人住有所居到打造高品质的住房产品，分别从精细化的居住指标、多样化的住房市场、多层次的住房产品、创新化的社区治理四个方面构建多样舒适社区服务。

一是精细化居住指标，适应未来城市发展诉求。

人才公寓

天府新区面临大量人才引入，在有限的城市开发用地内，精细化各项管控指标，包括人均住宅建筑面积、租赁房供应比例、小户型供应比例等，以适应未来城市发展需要。

二是多样化住房市场，满足未来人群居住需求。

适当提高产业配套住房比例，推进产业项目招引落地，引导产城融合，实现职住平衡。同时落实人才购房支持政策，针对高能级产业项目实施人才住房"一企一策"，精准化人才住房需求，吸引人才入驻。扩大政策性住房市场，以推进公共租赁房、廉租房、经济适用房等其他住房形式。

鼓励以企业为主体，国企国资引领带动租赁市场发展，支持引入专业化、机构化的房企和租赁平台，供应满足各类人才需求的多样化住房。探索低效用地改建、商办改建、城市区域周边集体建设用地新建高品质租赁房等供应形式。

三是多层次住房产品，精准化未来人群个性定制。

针对不同层次人才和不同收入水平人群供应多层次住房产品，实现各类人群住有所居，打造高颜值、定制化、个性化、生态化、专业化住房产品，通过精致空间、多元配套、定制服务满足未来人群住房需求。同时提高住房建设水平，按照多元、融合理念规划居住用地，推进住房建设标准化、智能化，提高住宅装配成套化率。居住用地布局重点考虑符合国际化、高知化人群以及新兴产业就业人口、本地原住居民等多样化需求。住房建设优先推进人才公寓、保障性住房等。

地产开发项目

政府组织统筹	**居民出谋划策**	**社区规划师技术落实**	**社会组织提供服务**
1 搭建组织和落实资金	**2** 强调参与方案决策	**3** 技术落实和负责协调	**4** 品质服务和资源支持
· 区域层面：负责政策标准制定和规划编制，明确区域建设导向和工作要求 · 街道层面：搭建党群、社区规划师在内的工作队伍，落实重大项目资金，明确任务清单 · 社区层面：组织社会组织搭建，落实微小资金项目	· 编制阶段：引导居民全过程参与规划和标准制定工作并献计献策，并强调参与决策 · 公示阶段：通过展示、讨论、投票等形式公开编制成果，对居民反馈进行有效评价	· 技术落实：研判社区特征对接区域发展要求，目标问题双重导向进行规划和建设方案设计 · 负责协调：负责居民和社会组织咨询工作，帮助了解政策规划，引导有效参与社区建设	· 提供品质服务：面向居民更高的服务需求导向，引导居民、企业等搭建不同领域的社会组织，例如法律、金融等 · 提供资源支持：提供资金、项目、人力、物力等直接影响项目决策结果，例如社区基金会

创新化社区治理体系

四是创新化社区治理，营造上下互动共治氛围。

以社区党组织为核心，在社区治理委员会、社区公共议事会构建的"1+2+N"治理体系下，通过明确多元主体的共治职能，深入引导居民、市民、游客参与共治，为社区提供高品质服务。在上下互动的共治模式下，构建三级社区规划师体系，有效利用城市智囊团和社区内生力量，创新社区规划师工作制度，为社区可持续发展和运维提供保障。

● 麓湖国际化社区城市设计

麓湖国际化社区位于双国际机场交通体系核心地段，是天府新区的形象门户，是四川自贸区、天府中央商务区、中国西部博览城的交汇地，是成都国际生活配套、商贸旅游、对外交往等城市功能的重要承载地，是"一带一路"和长江经济带上的一张靓丽名片。它突破既有社区行政边界，跨越华阳、正兴和兴隆三个街道，统筹考量香山、沙河、田家寺、罗家店社区的共治共建，是一个市民可进入、可参与、可游憩、可共享的新型城市社区。

麓湖国际化社区

麓湖A4美术馆

　　麓湖国际化社区通过构建水环丘绕的生态场景、诗意栖居的美学场景、时尚多元的消费场景、新经济的应用场景、类海外的生活场景、活泼有序的社会场景等方式，打造公园城市价值表达典范，回应新时代国际化人居环境需求，塑造国际竞争优势的社区模式，实现生态、美学、人文、经济、生活、社会六大体现时代特点的重要价值。

兴隆湖航拍

• 兴隆湖国际化社区城市设计

兴隆湖国际化社区位于成都科学城，以原兴隆镇回迁居民为主。兴隆湖国际化社区区位条件优势明显，国际高端资源集聚，毗邻西部博览城、成都科创生态岛、国际会议中心、天府国际商务中心、华西天府医院等，初步形成以科技研发产业为主的新经济产业链，公园城市形象初步呈现。

兴隆湖国际化社区以"打造具有国际影响力的新经济产业示范区，塑造新时代精英人群实现梦想的向往之地"为目标，通过建设符合新经济产业需求的物质空间形式、构建符合新经济产业发展的支撑服务体系、营造满足未来人群需求特征的高品质生活场景、探索符合未来人群新生活方式的价值实现舞台，打造出满足公园城市审美情趣的社区生态环境和突显共建共治共享理念的社区治理环境。

兴隆湖

（2）创新便捷的工作环境

从三维空间的功能复合到产业链的构建完善，再到精准满足人才工作场景的需求，天府新区分别从创造更多的就业空间、提供更近的就业空间、营造高品质工作场景三个方面构建创新便捷的工作环境。

一是创新功能复合模式，创造更多的就业空间：增加商业用地和居住用地周边商业混合用地比例，提升街区活力，稳定街区人气，创造更多的就业空间；结合大型公共建筑植入共享办公空间，为低成本、便利化的小微办公或网络办公创造就业空间；同一建筑体垂直整合工作、交往、娱乐等功能，突破用地属性，增加更多就业空间；通过绿顶、绿台、绿廊等空间植入共享办公功能，打造公园城市三维多元办公场景；结合人才深度教育、创业培育需求和完善产业生态链技术扩散、市场培育、专业服务、应用展示等环节，创新产业生态环境营造。

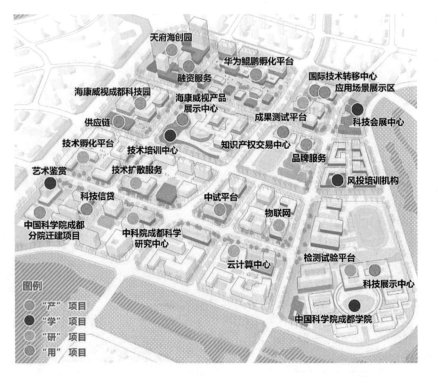

鹿溪智谷高品质
科创空间创新生
态圈示意

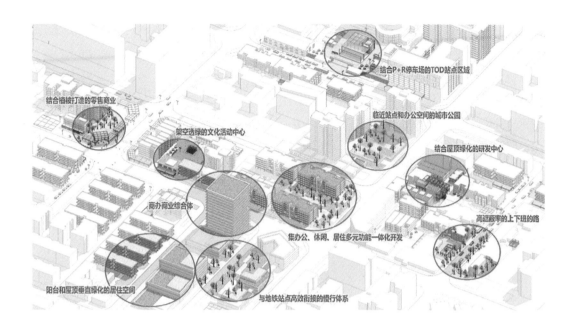

TOD模式下就业空间场景表达

二是公交导向型发展（TOD）引导产城融合，提供更近的就业空间：结合生活圈层级划分，天府新区引入TOD综合开发模式，全面提升就业空间可达性。

三是满足个性化人群需求，营造高品质工作场景：聚焦高知人才工作需求，室内室外营造多元化的文体休闲交往场景，从影音交流室、阅览区、下午茶餐区等方面营造多元文化的交流场景。实现知识流动的同时借助交流释放压力，并针对高知人才营造艺术鉴赏、潮玩体验、休闲健身、智慧展示等格调化休闲场景，帮助释放压力。

● 天府新区昌公堰市政公园和配套设计

天府新区昌公堰市政公园和配套设计是天府新区首个TOD示范性项目配套市政公园，项目位于天府总部商务区北区，正兴北与万安南片区交界处，武汉路以北，以"打造城市生态绿廊，营造公园与社区相互渗透，生态与生活共融的都市愿景"为设计目标，建设出郊野、浅丘、湿地多种自然风貌相融合，适用于全年龄段多种休闲空间的市政公园。

昌公堰市政公园鸟瞰图

昌公堰市政公园效果图

项目遵循"展现成都特色、提升整体观感、凸显季相变化、注重经济生态"四大原则，重点打造城市郊野空间，植入野趣儿童乐园与林下露营场地，营造城市多功能休闲绿地，鼓励人们室外休闲与游乐，建设城市智慧生态运动空间。项目的建成不仅能改善城市生态环境，还为市民生活提供休闲惬意的好去处，是人民美好幸福生活指数提高的重要保证，充分体现了"公园城市、TOD综合开发、高品质生活宜居地"等新理念和新要求。

2. 构建人民具有幸福感的生活圈

（1）活力开放的文化交往

从空间建造到场景营造，天府新区塑造人性化、多样化、便利可达的交往空间，提升文化艺术内涵，激发城市活力。

一是多样化布局，构建类型丰富的城市公共空间。可以结合主要社区公园、绿地形成公园型公共空间，依托步行街道在两侧布局街道型公共空间，结合街角空间、闲置空间布局广场型公共空间，依托河道滨水岸线构建滨水型公共空间。同时提高公共空间覆盖率，增强公共空间的网络化布局。

天府公园

兴隆湖畔和中信书店

二是推动公园城市消费场景建设，以满足人民美好生活需求为逻辑起点，以促进形成强大国内市场为主线，在国内国际双循环发展新格局中持续提高消费服务竞争力。培育品质化与大众化共生、创新性与传承性融合、快节奏与慢生活兼容的消费场景，创新消费供给，吸聚消费流量，促进文化互鉴。

兴隆湖中心

上：同治龙窑
下：天府国际会议中心

三是保护具有历史文化价值的公共空间。彰显魅力天府的人文场景，深入挖掘天府新区的历史文化内涵与特色，建立完整的保护体系和保护分级，形成整体的保护结构。科学利用历史文化资源，全面展现文化魅力，建设历史与现代交相辉映的国际化新区。保护好历史形成的各类街道、河流、历史建筑、城市肌理特征等，并在保护历史街区的基础上通过"空间腾退—点状更新—策展活化"重塑城市文化，植入创新业态，引入文化活动。

● 天府新区公共文化设施专项规划

天府新区以"魅力开放、多元活力的公园城市人文画卷"为目标，推动地标建设提升城市魅力，坚持开放创新全面活跃文化氛围，构建高品质文化服务网络丰富文化生活，全面实现新区城市文化印象鲜明、天府特色彰显、文化综合实力出彩，构建"一轴、四区、四极核、多点"的文化空间结构，传递城市文明、传播城市文化、活跃文化生活。

规划包括公园城市建设成就馆、天府图书馆、成都科学馆、四川博物馆新馆、天府大剧院、法治研究交流中心等。同时，通过对区域总体特征、特色产业资源进行分析，梳理出适合各个产业功能区的特色文化设施主题，以"最地道、最好玩、最艺术、最有范"为主题，形成城市二十"最"特色场馆，凸显城市韵味与独特气质，全面助力城市文化品牌建设，活跃城市文化氛围。

天府数字文创城规划展示厅

海纳百川，有容乃大，不同的人文、各异的文化交相辉映，汇聚成天府新区一道道亮丽的风景，展示着我们的包容与开放。

● 天府新区历史文化保护专项规划

天府新区在现有文物分布基础上，依托自然山水环境，通过水系、山脉、绿道等串联，构建"一轴、七带、多点"的展示利用空间体系，串联历史文化资源、博览设施、文化公园及标识，建立"法定保护""公布保护"和"规划控制"三级保护体系，对直管区范围内文物保护单位、一般不可移动文物、历史建筑、古树名木、林盘、非物质文化遗产以及历史地段进行保护和利用。

丹土老街

（2）个性定制的健康生活

坚持以人为本，完善公平共享、弹性包容的基本公共服务体系，打造宜居、宜业、宜学、宜游的高品质社区。

一是构建多层级的公共中心体系，充分发挥公共中心承载核心功能、塑造活力都市的作用，形成由"主中心-副中心-片区中心-社区中心"构成的多层级城市公共中心体系，提升国家中心城市核心支撑功能，提升城市服务品质。均等化公共服务体系，满足社区公共服务设施15分钟步行可达全覆盖，同时精准定位人群需求，与周边功能进行差异化布局，建设便民服务、教育、文化、体育四大类特色社区综合体。依托天府公园、城市中轴线、兴隆湖、锦江及鹿溪河沿线等开敞空间布置文化设施、体育设施、医疗卫生设施、高等教育设施等，发挥国家级新区的区域辐射引领作用，强化对外交往、提升配套水平、保障健康需求。

天府像素太文化产业园

四川大学华西天府医院

中国现代五项赛事中心

四川天府新区科学城幼儿园

天府中学

天府像素太文化产业园

二是围绕高知化、年轻化、国际化人群，提供"标准化+特色化"的公共服务配置。通过构建天府总部商务区、西部博览城、成都科学城、天府数字文创城等，在标准基础配套上，结合产业功能区人群特征选择特色化公共服务设施，形成"18+X"的配置标准。针对新区年轻化、高知化的创新人群特点，以青年人为主要服务对象，兼以学龄儿童与老人，建立完善的服务保障，构建多层次社区服务体系与一站式生活服务环境。

三是加强终身教育设施建设，满足居民的差异化需求。加强全龄学习引导，结合社区综合体增设兴趣培训学校、职业培训学校、婴幼儿托管机构、老年学校等，建设学习型社会。

"不学自知，不问自晓，古今行事，未之有也。"一座座学堂坐落于天府新区的大街小巷，如同灯塔一般指引着我们的求学之路。

● 天府新区医疗卫生资源布局规划

天府新区以"'一带一路'和长江经济带节点型医疗中心"为目标，构建"一心四极、四位一体"的大健康体系。

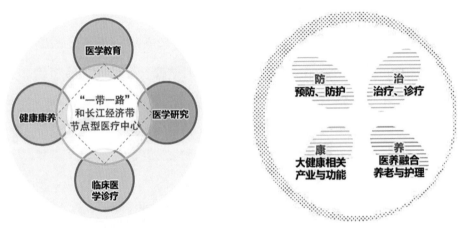

大健康体系"一心四极"和"四位一体"概念示意图

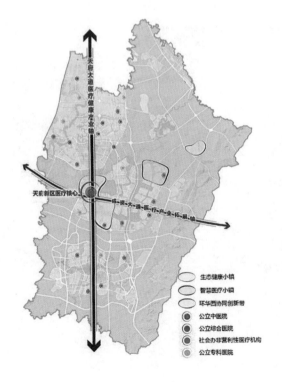

医疗资源总体布局

形成"一心两轴、一带两镇、多点多元"的总体结构，布局专业公共卫生机构、医疗机构（公立医院与社会办非营利医疗机构）、基层医疗卫生服务机构。

华西第二医院健康管理中心

一是落实以医疗机构、基层医疗卫生机构、公共卫生机构为主要组成的医疗卫生体系，落实各类公益性医疗卫生设施（公办医院、社会办非营利性医院、基层医疗卫生机构和公共卫生机构）的空间布局；二是聚焦"临床医学诊疗""医学研究""医学教育""健康康养"四大重点功能，强化产业链建设；三是构建"以教学科研诊疗联动创新为主导的科教型协同创新空间"和"以特色专业聚集为主导的产业集聚型创新空间"两类创新空间，激活产业创新动力；四是围绕建设"公园城市"发展理念的总体要求，建设一支数量更加充足、质量更加优秀、能力不断提升的新区卫生人才队伍。

● 天府新区教育设施布局规划

天府新区以"高标准高质量构建完善的教育设施体系，全面提升基本公共教育发展水平，形成资源均衡、与发展相适应的教育设施布局"为目标，从基础教育、职业教育、特殊教育三个层次，幼儿园、小学、初中、普通高中、职业中学、特殊学校六类教育设施体系入手，按照"适度超前，单元管控""统一标准，分区落实""统筹兼顾，城乡均衡"三个原则，规划布局各类教育设施。

四川天府新区第一小学

中国现代五项赛事中心

- 天府新区体育设施专项规划

天府新区以"赛事核心，体育城郭，活力天府，城市脉搏"为目标，提高体育场地设施的数量和质量，积极承办国际、国内高水平比赛，形成相对完善的竞技体育场馆和全民健身设施的体育设施布局系统，使直管区体育设施在同类城市新区中达到先进水平，建设功能齐备、配套完善的赛事中心。

龙舟比赛

规划建设赛事体育场馆、市级全民健身设施、区级全民健身设施、居住区级体育设施和社区级体育设施，达到"满足民众需求，承办大型体育赛事和完善全民健身保障；满足城市要求，创建符合新区特色的体育设施规划典范；满足管理要求，建立具有可操作性的体育设施管理构想"的目的。

● 天府新区乡镇级便民服务设施专项规划

天府新区以人民为中心，高标准高质量构建为群众办事的"一站式"便民服务设施体系，打造"宜居宜业宜游宜养宜学"乡村生活共同体，建设新区人民满意的服务型政府，推进新区乡村治理体系和治理能力现代化。

规划构建两级三类的乡镇级便民服务设施体系。一是总体均衡，局部凸显，构建乡镇级城乡融合单元便民服务体系；二是强化统筹、梳理整合，深化便民服务内涵，完善特色化服务供给；三是智慧引领，统筹共享，持续提升一

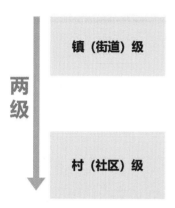

镇（街道）级

便民服务中心
设置于镇区，服务整个镇域。

便民服务分中心
设置于撤并乡镇镇区，主要作为被撤并后离新镇区距离较远的原乡镇区域的补充服务中心。

村（社区）级

便民服务站
服务整个村域。

两级

三类

✓ 镇（街道）级便民服务中心为乡镇（街道）职能机构。
✓ 集中办理各类行政许可和便民服务等事项。
✓ 并推进和指导村（社区）便民服务室建设和管理。

✓ 作为镇（街道）级便民服务中心的延伸服务机构。
✓ 承担镇（街道）级便民服务中心相关事项的代办、转报、协办职责，以及相关政策的咨询解答等工作

天府新区乡镇级便民服务设施体系

体化乡镇治理平台服务能力；四是系统集成，适度延展，优化便民服务设施建设标准及设施配置；五是亲民便民，服务温馨，家庭化办公营造未来乡村便民服务场景；六是全面培养，梯队建设，强化便民服务人才队伍培养及配套保障；七是完善措施，保障实施，制定分阶段建设强化组织协同落实经费。

3．构建人民具有安全感的生活圈

（1）绿色高效的交通出行

树立以人为本、公交优先、可持续发展理念。从"以车为本"转变为全面关注人的交流和生活方式，让街道成为体验城市、促进消费、增加城市交往和社会活动的空间载体，以社区绿道串联绿色活力生活。

一是构建三网融合的绿色交通体系。强化"轨道+公交+慢行"三网融合的城市绿色交通系统对高品质生活圈的全方位支撑，全面提高公共交通占机动化出行比例与绿色交通出行比例。

二是搭建安全通达的高密度街道系统，提升街道活力。从"重视车行的道路"转变为"关注人的街道"，提倡小街区密路网，强化街道空间整体管控，改善路网微循环，打造不同类型的街道空间断面，满足不同功能活动的空间需求。

三是打造美丽有趣、舒适愉悦的社区绿道，提升出行品质。建设灵活多样的绿道，构建"地上+地面+地下"全维度社区绿道，并构建对儿童友好的安全过街通道，包括人车分流的人行地道和人行天桥、密集而清晰的过街斑马线等。提出构建城市级、城区级、社区级公共空间和绿道，达到高可达性的网络布局。

人行天桥

- 天府新区绿道系统专项规划

天府新区以"绿色天府，智慧绿道"为目标，锚固公园城市生态绿色基底，建设具有全国影响力的生态绿道；打造中西部地区最具科技感、时代感的沉浸式体验型智慧绿道；构建成都市最能彰显天府人文特征，承载天府文化的人文绿道。

依托天府新区优良的山水田林本底，多样的平原浅丘地形，丰富的人文积淀、科技智慧产业和城乡融合的组团式空间布局，规划形成"一谷双脊三廊四河"的绿道结构。

天府新区绿道结构

充分整合天府新区生态自然资源、人文景观资源、智慧科技资源等，结合新区规划体系，实现绿道全域满覆盖，设置锦江古蜀文化绿道、龙泉山生态旅游绿道、天府农耕绿道和东风渠大美乡村绿道4条区域级绿道；设置智谷绿道、天府锦绣文化绿道、城市森林绿道、天府中心绿道、雁栖湿地智慧绿道、柴桑河清风鹭飞绿道6条城区级绿道；结合区域级、城区级绿道网络，布局社区级绿道，主要功能为衔接上级绿道网和加密城市内部绿色空间，实现居民与山水资源"15分钟可达"的规划目标。

天府新区绿道

结合绿道规划布局四级驿站服务体系，有效完善城乡居民休闲游憩场所，同时兼顾综合配套服务、科技智慧体验和天府文化展示。沿区域级绿道及城区级绿道，依托综合性服务中心、特色小镇设置一级驿站；沿城区级绿道及社区级绿道依托特定的文化或景观主题设置二级驿站；依托服务站、林盘院落、田园综合体设置三级驿站；根据距离、用地条件，结合亭、台、楼、阁设置四级驿站。

（2）安全智能的韧性社区

运用智慧技术创新韧性系统，建设可持续发展的能动社区。

一是完善社区韧性系统，提升社区安全环境。积极构建社区生活圈韧性系统，强化社区的弹性应对能力，从优化环境、复合网络、组织管理三大视角，增强面对疫情灾害的事先预防、应急响应和灾后修复能力。

二是搭建万物互联互通的智能感知网络。超前建设布局城市信息基础设施，广泛集约布局智能感知设施，打造"万物互联、人机交互、天地一体"的数字城市神经网络，动态检测和实时感知城市运行状态。

三是构筑智能高效的公园城市大脑。天府新区建立全时全域、多维数据融合的智能化公共安全管理体系和实时数字城市规划管理平台，将城市的静态数据（建筑形态、道路、商业、企业、学校等）和动态数据（交通出行、商业活动、人群密度等）融合到一起，互动模拟城市政策、愿景、效能等场景。

● 天府新区城市综合防灾专项规划

天府新区以"韧性公园城"为目标，着力构建高效科学的城市综合防灾体系，全力建造安全人性的城市综合防灾环境，最终提升城市更可持续的综合防灾能力，打造人、城市、自然协同共生的生命共同体，建设更安全、更有韧性、更可持续的公园城市。

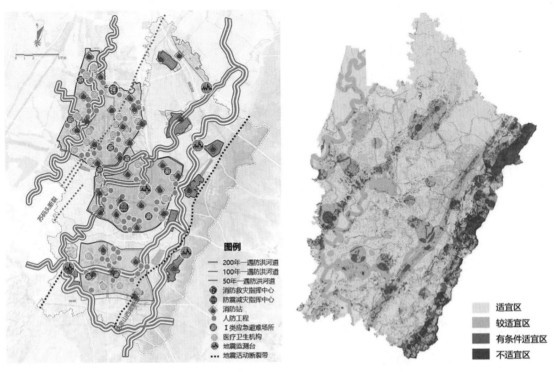

综合防灾规划图

综合用地安全性和适宜性评价

规划分别设置一级防灾分区和二级防灾分区，通过防震工程规划、消防工程规划、防洪工程规划、地质灾害工程规划、人防工程规划和重大危险源规划，综合采取一系列的工程措施和非工程措施，确保医疗系统、供水系统、供电系统、燃气系统和通信系统能应对灾害发生，达到中灾正常、大灾可控、巨灾可救。

● 天府新区城5G通信基础设施专项规划

天府新区以"智创未来，慧聚公园"为目标，构建"4+3"的基础设施规划建设运营管理体系，实现全域5G网络连续广覆盖，5G产业发展重点区域规模深度覆盖，支撑直管区5G产业蓬勃发展，为直管区经济发展赋能。

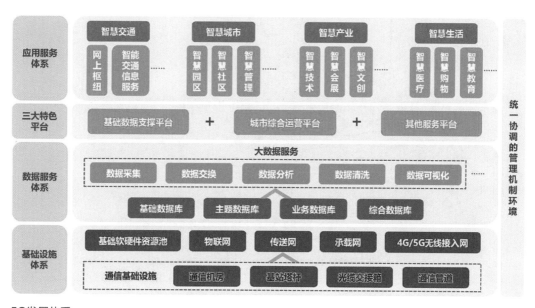

5G发展体系

5G "4+3" 基础设施体系

以"美学化、协调化、标准化、地域化"为原则，规划建设区域中心机房、汇聚机房、通信基站、光缆交接箱以及通信管道，全领域覆盖多维价值转化的公园城市智慧场景。

中心机房布局图

图例

⬤ 中心机房

━ ━ 中心机房边界线

天府新区规划展示厅

　　天府新区以龙泉山为屏、水系为障，形成"三分山水五分田、二分林地嵌其间"的自然生态格局，利用山水田林湖要素，形成"一山两楔三廊五河六湖多渠"的生态体系。结合绿色空间和城市空间嵌合布局的发展模式，转变经济组织方式，形成天府总部商务区、成都科学城和天府数字文创城三大产业功能区，提出产业服务型、文创旅游型、居住生活型、商旅生态型和都市农业型五类国际化社区治理模式要求，从人的视角出发提供生活服务，重视社区层级生活圈的打造，围绕创新就业环境、多样化住宅、文化艺术、健康教育、绿色自由出行、韧性智慧提供高品质的服务，致力于创造公园城市的高品质生活，使人民具有获得感、幸福感、安全感。

从公园城市首提地到公园城市先行区，天府新区始终以公园城市建设为统揽，打造山水人城和谐相融的城市"样板间"，持续善行善治，让人与自然和谐共生，让居民生活更有质感。以增进民生福祉为出发点和落脚点，以建设幸福美好公园社区、创造幸福美好生活为主线，以教育、医疗卫生、全龄友好社会营建、公园城市有机更新、公园城市品质社区创建、人才安居、文化旅游、全民健身、城市交通治理优化、生态惠民等领域为抓手，让住在公园城市里的人生活更有获得感、幸福感、安全感，建设出富有公园城市特质的高品质生活圈。

兴隆湖与财富中心

第五章

营造宜业优良环境

我国产业发展概况

新中国成立以后，经过近30年的工业化建设，逐步建立了独立的、比较完整的国民经济体系，打下了较好的工业基础，特别是重工业基础。改革开放以后，我国积极探索社会主义市场经济体制下的产业发展道路，基于产业演进规律不断促进产业结构优化升级，实现了由贫穷落后的农业国到世界第一工业制造大国的历史性转变。我国用几十年的时间走过了发达国家上百年的工业化进程，成为全世界产业门类最齐全的国家，国家经济快速增长。历经70多年的发展，我国成为世界第二大经济体、第一大工业国。2023年，我国国内生产总值126万亿元，全年社会消费品零售总额接近47万亿元，居民人均可支配收入39218元，中等收入群体超过4亿人。这标志着我国进入全面建成社会主义现代化强国、实现第二个百年奋斗目标的新发展阶段。

另外，自2008年金融危机之后，全球贸易局势恶化，我国人口、土地等资源红利优势逐步消减，传统的劳动密集型产业生产成本日益增高，传统产业产能过剩；加之近年来，以5G通信技术、数字技术、人工智能为代表的新一轮科学技术创新已经全面展开，全球产业发展步入新一轮竞争。因此，我国经济亟待从高速增长转向高质量发展。

顺应内、外部发展环境的复杂变化，党中央提出引领发展的新思路：十九届五中全会对构建新发展格局作出全面部署；在党的二十大报告中，习近平总书记进一步指出"建设现代化产业体系"。

我国现代产业体系的提出和内涵

天府像素太文化产业园

　　构建以国内大循环为主体、国内国际双循环相互促进的新发展格局，是党中央根据我国内、外部发展条件变化做出的战略决策，也是新发展阶段的重大历史任务。构建新发展格局的关键在于经济循环的畅通无阻，这要求在供给侧建立适应人民美好生活需要，具有强大国际竞争力的现代产业体系。作为全面建成社会主义现代化强国的物质基础，现代产业体系包含高质量的制造业、强大的战略性新兴产业、优质的服务业以及保障有力的农业，具有创新引领性、发展可持续性、环境友好性等特征。

改革开放以来，得益于资本、土地和劳动力的持续投入，和第二、第三产业的强力带动，我国经济快速发展，总量稳居世界第二位。随着经济高速增长，以巨量资源投入为增长动力的传统粗放型增长引发了需求和供给不匹配的结构性问题，进而推动社会主要矛盾转变为人民日益增长的美好生活需要和不平衡不充分的发展之间的矛盾。解决这一矛盾的关键是优化经济结构、转换增长动力，推动现代化产业体系建设，实现高质量发展。

国家超级计算成都中心

现代化产业体系是产业转型升级的发展指向。产业体系决定了供给体系的质量和效率。受内外部发展环境变化的影响，当前我国经济发展中出现了资源环境承载能力达到瓶颈、劳动力成本上升、传统产业产能过剩、经济增长速度下降等情况。因此，产业转型升级必须紧跟全球新一轮科技革命与产业变革的发展方向：一是推动大数据、集成电路等新兴产业发展成为未来的先导产业和支柱产业，为经济发展提供新的动力；二是推动法律服务业、现代金融业等现代服务业向实体经济提供新模式、新支撑、新业态，为传统产业优化升级提供基础支撑，为经济发展提供核心驱动力；三是推动农业，建立现代农业产业体系、生产体系、经营体系，打造农业科技高地，促进农业全产业链增值增效，形成都市农业典范，实现乡村振兴。

现代化产业体系是高质量发展的关键支撑。构建以国内大循环为主体、国内国际双循环相互促进的新发展格局是我国在"十四五"时期的重大战略任务。建设科技创新驱动、虚实经济深度融合、现代服务高效引领的现代化产业体系，可以创造就业和提供收入，促进人民福祉增进、社会财富积聚，可以有效地提升经济体的供给质量，满足人民日益增长的美好生活需要，可以提高产业体系创新能力和核心竞争力，增强在全球产业链、供应链、创新链中的影响力。

国家超级计算成都中心人称"硅立方"，建成投运以来，最高运算速度达到10亿亿次／秒。它是我国西部第一家建成投运的国家级超算中心，也是成都创建国家人工智能创新应用先导区的重要支撑。

天府国际会议中心

天府新区公园城市的现代化产业体系

　　营建公园城市宜业环境，既是公园城市产业发展的创新表达，也是促进生态价值转化、推动高质量发展的必由之路。2023年，中共成都市委印发《关于坚持科技创新引领加快建设现代化产业体系的决定》，提出明确的发展目标：到2027年，成都市初步形成具有较强竞争力的现代化产业体系。

　　天府新区按照市委市政府《成都建设践行新发展理念的公园城市示范区行动计划（2021—2025年）》的总体规划，制定实施方案贯彻落实《中共成都市委关于坚持科技创新引领加快建设现代化产业体系的决定》，以成渝双城经济圈为总牵引，以建设公园城市先行区为统领，发挥科技创新引领作用，赋能支柱产业迭代升级、新兴产业培育壮大、未来产业前瞻布局，构建以实体经济为支撑的现代化产业体系。到2027年，创新发展综合优势显著增强，创新资源集聚度、活跃度和科技成果本地转化能力大幅提升，科技创新成为支撑产业高质量发展的关键引擎，初步形成具有较强竞争力的现代化产业体系。

　　2023年7月，新区印发《四川天府新区营商环境创新改革行动方案》，提出市场准入、政务服务、政策服务、便利投资等8方面改革行动，以利于打造具有公园城市特质的"市场化、法治化、国际化"一流营商环境。

1. 天府新区的产业和产业链

多年来，天府新区坚定实施创新驱动发展战略，做强创新策源转化、国际门户枢纽、新兴产业集聚等核心功能，将核心产业功能与城市综合服务功能融合发展，构建以新经济为引领，以总部经济、会展博览、科技研发、数字文创、现代金融五大主导产业为支撑，以高技术服务、法律服务、网络视听三大特色产业为突破的"1+5+3"现代化产业体系。

天府新区聚焦"8+6"重点产业链培育产业集群，构建以实体经济为支撑的现代化产业体系。8条市级重点产业链为大数据产业、文创业、会展业、网络视听产业、集成电路、高端软件、人工智能、绿色低碳产业；6条区级产业链是指总部经济、法律服务业、现代金融业、高技术服务业、高技术制造业、都市现代农业。

市级重点产业		区市级重点产业	
	大数据产业		总部经济
	文创业		法律服务业
	会展业		现代金融业
	网络视听产业		高技术服务业
	集成电路		高技术制造业
	高端软件		都市现代农业
	人工智能		
	绿色低碳产业		

天府新区"8+6"重点产业链

2. 天府新区的产业功能区

为推动生态圈体系架构和功能区产业布局更加符合城市发展战略目标和功能定位，成都市在2021年8月完成产业生态圈和产业功能区优化。调整后，成都市共12个产业生态圈、66个产业功能区，更加聚焦于具有比较优势的未来赛道和细分领域。天府新区的3处产业功能区分别为成都科学城、天府数字文创城和天府总部商务区，进入数字经济、人工智能、先进生产性服务业、碳中和业产业、新消费这5个产业生态圈中的11个细分领域。

成都科学城进入4类成都市产业生态圈：数字经济、人工智能、先进生产性服务业和碳中和业产业。作为中国西部（成都）科学城的核心区，目前已落地天府（兴隆湖）实验室、天府（永兴）实验室、川藏铁路技术创新中心等一批重大科技基础设施、国家级创新平台、校院地协同创新项目。天府新区依托成都科学城，聚焦大数据、人工智能、高端软件等重点产业，培育发展卫星互联网、新一代通信技术等产业领域，突出科技创新策源和成果转化，构建具有全国影响力的科技创新中心。

天府兴隆湖实验室

实验室于2021年6月挂牌成立，坐落于成都科学城鹿溪智谷科学中心。实验室由地方政府举办，聚焦能量光子学、信息光子学、材料光子学、生医光子学和光子科学仪器设施，开展颠覆性的光电材料、光电器件及光电系统研究。

微纳光学团队致力于微纳光学工艺研发、光学器件研制，具备微纳光学工艺及光学器件的仿真设计、加工、测试和封装的能力。团队成功研制了片上光学相控阵、偏振可切换定向耦合器件、亚波长周期波导阵列、多功能光子集成芯片、超低功耗光通信芯片、波长复用芯片、多种薄膜铌酸锂光波导器件等微纳光学器件，获多项授权发明专利。

检测中心团队致力于与微纳工艺相关的过程表征以及光学测试，具备全波段的检测能力，能够对样品的光学参数、元素成分、形貌表征、缺陷、力学性能、几何尺寸、物性分析、电学特性、设备装调精度等方面进行高精密度检测。

先进制造中心覆盖光学、机械、电控、软件、光学镀膜等，开展了光学设计、加工、测试、光学镀膜设计与加工、系统装调等方面的研究，包括特种镜头、光谱成像探测、激光通信、激光雷达、无人机载光电吊舱、微纳加工装备和精密检测装备等任务，具备光机电设计加工、装调检测等技术能力，高精度光学系统的研发能力和整机集成能力，团队拥有多项授权发明专利。

中交国际中心位于秦皇寺中央商务区，紧邻天府公园，交通便利，视野开阔，拥有良好的城市展示面。建筑顶部门式观光廊桥隐喻"中交之门、天府之门"的精神内涵。

作为国际化会展博览平台，西部国际博览城国际展览展示中心独有的飘带形屋面凸显"水浣蜀锦"的锦绣意象，展翅腾飞的空间造型给人留下了深刻印象。

天府总部商务区进入成都市先进生产性服务业产业生态圈。区内拥有3处产业社区，天府中央法务区聚焦于法务服务，西博城国际会展区聚焦于会展博览，区域协同发展总部基地聚焦于总部经济。天府总部商务区核心区目前已基本成型，引入四川省陆海新通道总部、中铁股份有限公司西部总部项目、引大济岷总部等一批高能级总部项目和知名会展机构。新区依托天府总部商务区，突出总部经济聚能和高端服务赋能，打造面向世界的中央商务区和成都未来城市新中心。

天府数字文创城进入数字经济、新消费这两类成都市产业生态圈，成都网络视听产业园聚焦于网络视听，中意文化创新产业园聚焦于创意设计。天府数字文创城重点推进核心区建设，加快骨干路网、高品质文创空间等重大项目，引进中国唱片西南总部、A8网文影视基地等文创类头部企业。新区致力于网络视听、创意设计、文博旅游产业，打造全国数字创意策源地、西部视听智造增长极、"一带一路"中欧文化新地标。

天府数字文创城规划展示厅借助竹钢构件的变化，营造出轻盈有力的立面造型，将雁栖湿地自然、开阔、放松的气质和建筑互动、停留、聚集等功能融为一体，传达出公园城市"诗意栖居之城"的意蕴。

这座由色彩斑斓的方块堆砌而成的建筑就是位于文创城核心区的天府像素太文化产业园。有趣的建筑外形映射文创城所承载的网络视听文创产业。

现代农业产业

天府新区积极建设高质量现代农业产业园,打造现代农业科技高地,以发展农商融合体为路径,构建"都市农业+农商文旅体+农业科技"的现代农业产业体系,实现农业全产业链增值增效。

3. 建设科技创新平台

科技创新平台建设取得新成效、科技创新成果产出取得新突破,是天府新区建设现代化产业体系的发展目标之一。产业体系核心竞争力提升的关键在于强大的科技创新能力。伦敦依托全球金融中心优势,诞生全欧洲50%的金融科技初创公司;东京集聚日本30%高校院所,专利转化率高达80%;上海凭借400余家外资研发中心,成为具有全球影响力的科创中心。国内外先进城市的发展历程说明,拥有科技创新的制高点才可以构筑增长极和动力源。天府新区积极对接国家战略科技资源，强化科技创新在社会经济发展中的驱动作用，打造高端创新资源承载地和重大原始创新策源地。

高质量建设西部科学城对成渝地区双城经济圈高质量发展具有重大的战略意义。成都科学城是西部（成都）科学城的核心部分，位于兴隆湖周边，按照"一中心两基地一岛三园"的功能组团布局建设，其中："一中心"为鹿溪智谷中心，"两基地"为重大科技基础设施建设基地和军民融合协同创新基地，"一岛"为科创生态岛，"三园"为兴隆湖高新技术服务产业园、凤栖谷数字经济产业园、天府枢纽活力园。成都科学城建设学科内涵关联、空间分布集聚的原始创新集群，不断优化运行机制，完善"核心+基地+网络"创新体系，统筹"1+4+N"深入实施战略科技力量集聚工程、关键核心技术攻关工程等"十大工程"。

（1）强化国家战略科技力量建设

成都科学城在建电磁驱动聚变大科学装置、跨尺度矢量光场时空调控验证装置等国家重大科技基础设施，准环对称仿星器、磁浮飞行风洞等省级重大科技基础设施，实施成都空间电磁探测研究中心、大型光学红外望远镜数据中心等交叉研究平台。

高质量运营天府兴隆湖实验室、天府永兴实验室。天府兴隆湖实验室聚焦能量光子学、信息光子学、材料光子学、生医光子学和光子科学仪器设施，开展颠覆性的光电材料、光电器件及光电系统研究，全力打造世界一流的光学工程研究中心。天府永兴实验室布局清洁低碳能源、资源碳中和、碳捕集与利用、碳汇与地质固碳、减污降碳协同、碳中和集成耦合等研究领域，推动地源热泵等低碳技术示范应用，打造碳中和科技创新先锋。

　　天府永兴实验室布局清洁低碳能源、资源碳中和、碳捕集与利用、碳汇与地质固碳、减污降碳协同、碳中和集成耦合六大研究领域，打造碳中和科技创新先锋、产业发展引擎。

　　（2）汇聚大院大所、校院地协同创新平台

　　天府新区已布局有清华大学四川能源互联网研究院、上海交通大学四川研究院、北理工创新装备研究院、西南科大四川天府新区创新研究院、中国科学院大学成都学院、西工大先进动力研究院等院校平台，聚焦光电技术、人工智能、生命健康、纳米碳材料等领域开展创新研究。

清华大学四川能源互联网研究院

北京大学光华管理学院成都分院

中国科学院大学成都学院

中国科学院成都分院

（3）支持高能级产业创新平台做大做强

国铁集团下属的国家川藏铁路技术创新中心业已投运。该中心整合铁科院、徐工集团、中铁工业、铁建重工等创新资源，聚焦川藏铁路建设运营工程，攻关核心技术，打造铁路创新高地。近期，创新中心的隧道综合测量机器人、移动式工程机械换电专用车等项目将落地天府新区。天府新区支持中科曙光先进微处理器国家工程研究中心、科大讯飞研发中心等企业创新平台体系的建设，支持商汤科技、盟升电子等领军企业联合高校共建创新联合体，瞄准国产芯片、人工智能、卫星通信等前沿领域，突破"卡脖子"技术。

国家川藏铁路技术创新中心

国家川藏铁路技术创新中心是国家级技术创新中心，承担川藏铁路建设的科技攻关与关键技术研发任务，也肩负汇集各方资源力量打造国家战略科技力量的使命。中国铁道科学研究院承担的川藏铁路技术创新中心规划建设"复杂艰险山区综合勘察实验室""空天信息综合应用研究实验室""复杂环境隧道结构实验室"等10余个研发实验平台。

4. 赋能都市工业升级

天府新区坚持以技术创新引领产业变革，深入实施产业建圈强链行动，围绕"8+6"重点产业链培育产业集群，构建以实体经济为支撑的现代化产业体系，推动支柱产业提能发展，着力壮大新兴产业，前瞻布局未来产业。

天府新区依托科技平台聚集优势，引进中科翼能科技有限公司、泰华中成科技集团、烽火通信科技股份有限公司等领先企业，聚焦于航空航天、集成电路、轨道交通、绿色低碳领域，推动支柱产业提能发展。

国家超级计算成都中心

海康威视科技园

海康威视成都科技园总建筑面积35万平方米，主要开展大数据、人工智能、物联感知等技术和产品研发，将助力四川培育智能物联生态圈，实现集聚发展。

天府新区推动大数据与人工智能、高端软件与操作系统、卫星互联网等新兴产业链的发展。位于鹿溪智谷核心区的国家超级计算成都中心实现算力峰值每秒数十亿亿次，算力覆盖35个城市。华为鲲鹏生态基地、欧拉创新中心、中兴通讯西南科创中心、商汤科技、盟升电子技术等企业相继落地运营。天府新区计划2027年初步形成卫星互联网产业集群，发展高端芯片、工业无人机、智能终端核心器件、通信器件等战略产业。

围绕科学城功能布局，天府新区推进军民融合发展，深化与中核、中电科、航发等军工单位合作，布局航空发动机、核能装备与核技术运用等领域，创建军民融合高技术产业基地。

"十四五"期间，天府新区拟布局低空通航无人机、通用人工智能、空天动力、类脑智能、6G、量子信息等未来产业，支持"链主"企业、科研机构、国企公司组建"城市未来场景实验室"，力争取得原创性成果和颠覆性技术突破。

始建于1970年的中国科学院光电技术研究所聚焦科技前沿，开展基础性、前瞻性、颠覆性的创新研究，先后取得包括国家科技进步特等奖、国家技术发明一等奖在内的500余项科技成果。

5. 构建现代服务业体系

天府新区构建面向实体经济、提供高能级服务的现代服务业体系。围绕人才聚集、技术创新、企业孵化、知识产权等领域，构建高技术产业服务业体系。进入成都市先进生产性服务业产业生态圈的天府总部商务区按照"一核两心两轴五片"的空间格局，以总部经济为核心，以会展经济、法律服务为重要带动，建设面向世界的中央商务区和成都未来城市新中心。

招商时代公园商业中心

（1）总部经济

天府总部商务区成功引进招商局集团、新希望集团、四川省陆海新通道总部、引大济岷总部等一批大型央企、国企、龙头民企总部。

招商局集团在天府新区成立西部总部，引入招商银行、招商仁和保险、招商证券、招商资本、外运股份及新世界发展集团、怡和集团、希尔顿酒店等高能级商业运营平台企业。招商蛇口联合成都轨道集团、成都天投集团共同实施片区综合开发和商业运营，建设总部商务综合体、城市级国际商业街。四川省陆海新通道总部整合江海港口航运、铁水多式联运等多项资源，业务覆盖铁路运输、国际集装箱船运输等多个领域，提升西部陆海新通道品牌效应。四川省引大济岷水资源开发有限公司负责引大济岷工程，该项目已纳入《长江流域综合规划（2012—2030年）》，是规划的"五横六纵"引水补水生态水网的重要组成部分，将有效调节川内水资源时空分布，为区域协调发展提供水资源保障。工程建成后，将有力支持四川省"一干多支"战略和成渝双城经济圈建设。

天府国际商务中心

（2）数字文创

天府数字文创城是国家广电总局批复的第二个国家级网络视听产业基地、国家版权局批复的第三个国家版权创新发展基地，核心起步区规划面积3.8平方公里。自2019年启动规划建设以来，确立了以网络视听为核心、创意设计和文博旅游为特色的"1+2"主导产业体系，定位于打造全国数字创意策源地、西部视听智造增长极和"一带一路"中欧文创新地标。高标准筹办"金熊猫"奖、成都数字版权交易博览会等重要活动；签约虎牙直播西南中心、A8网文影视视听基地等项目；引进中国唱片西南总部，建设黑胶唱片生产制造基地、黑胶音乐产业研学基地、黑胶历史展示互动基地三大基地，打造西南地区首个"黑胶音乐工坊"。

中意文化交流中心

中意文化交流中心

中意文化交流中心活动　　　　　　　　　天府像素太文化产业园

中意文化交流中心水景

　　天府数字文创城推进与央视总台、四川总站、四川电视台、成都广播电视台等机构合作，建成规划展示厅、高品质文创空间，并启动建设金熊猫大剧院、数字摄影棚录音棚等产业配套项目；聚焦中意文化交流合作，清华大学中意设计创新基地挂牌运营，建成中意文化交流城市会客厅，中意文化创新产业园加入中意文化合作机制，举办第二届中意地方政府合作对话会、意大利全球设计日（成都站）、中意高校合作交流会、中意文化创新产业园合作论坛等国际文化交流活动，推动工业设计、时尚设计、家居设计成果转化和创新孵化项目落户新区。

（3）会展经济

位于总部商务区的中国西部国际博览城是中西部最大的会展综合体，主要包括两大场馆：一期国际展览展示中心（总建筑面积57万平方米）与二期天府国际会议中心（总建筑面积约16万平方米）。西博城现已加入国际展览业协会（UFI）、国际大会及会议协会（ICCA）和国际展览与项目协会（IAEE）。自2017年8月首届国际家具展以来，西博城已成功举办成都国际车展、全国糖酒会、中国玩具展、世界显示产业大会、第19届中国国际农产品交易会等展会活动。截至2022年12月，西博城已累计承接展览、会议、演艺及赛事等活动500余场。

西博城展览展示中心的会展丰富多样，既有老百姓喜爱的车展、玩具展、糖酒会，也有汇聚产业精英的世界显示产业大会、中国畜牧业博览会、国际风能大会。

（4）法务服务

依托天府中央法务区，汇聚多元法律服务资源，最高人民法院第五巡回法庭成都审判点、成都国际商事法庭、国家律师学院西部分院已挂牌运行，向社会提供优质高效的法律服务。通过成都知识产权审判庭、国家知识产权运营公共服务平台成都运营中心、成都知识产权交易中心平台、基于区块链技术的知识产权融资服务平台等载体，为创新主体提供知识产权政策咨询、评估评价、撮合磋商、交易鉴证、补助申报、风险分担、处置变现等支撑性服务。

天府国际保税商业中心

中建滨湖设计总部

西南建筑院

（5）科技服务

天府新区完善从科技型中小企业、高新技术企业、专精特新企业、科技型领军企业到独角兽企业的分层培育机制，建设新区企业服务中心，梳理惠企政策清单，完善企业政策要点知识库，编制发布政策手册系列产品，编印《四川天府新区公共就业创业扶持政策清单》《四川天府新区就业创业政务服务经办规范》。新区运营天府国际技术转移中心，建设天府高技术服务中心，实施科研项目"揭榜挂帅"、科研经费"包干+负面清单"制等试点。打造"双创"服务体系，提供"科创交流+科创展示+科创传媒+科创培训+科创加速器"等服务。

（6）金融服务

天府新区拓展投融资服务。推广"天府e融码"，完善线上"一站式"融资信息直达机制，更新"银行产品及服务一览表"，推进"蓉易贷"普惠信贷工程，发挥债权融资风险补偿资金池撬动作用。推出"天易贷""天兴贷"等低利率、低门槛的政策性贷款产品，对企业担保费及利息进行"贴息贴费"，降低企业融资成本，缓解企业融资难题。做强天府国际基金小镇。基金小镇作为自贸试验区"一带一路"金融服务的链条，自2016年6月开镇以来，已入驻宜信新加坡公司、新加坡福智霖集团、深圳前海金控、中法航空制造基金、中德高科技制造基金、中摩合作基金等国内外知名基金相关机构，产业集聚效应初步显现。在基金小镇一期的成功运营下，占地6.7公顷（约100亩）的基金小镇二期重点瞄准新金融产业发展，集聚产、学、研、投，目前已开工建设。

（7）人才服务

天府新区实施"蓉漂计划""蓉城英才计划"，建立重点用人单位定向单列支持机制，建设四川天府新区智慧人才服务平台，升级"蓉漂青年人才驿站"及青年创新创业"一站式"服务平台，优化求职咨询、城市融入等配套服务事项。出台"四川天府新区人才支持政策"，设立10亿元人才发展专项资金，制定实验室"一室一策"等人才引进专属政策。运营四川天府人才集团和四川省博士后创新创业园，建设"蓉漂"人才公园。

天府国际基金小镇以麓镇为原型，位于成都创新创业最活跃的区域，区位优势明显。基金小镇常态化地举办各类资本项目的对接活动，引导国内外基金资源与项目资源有序对接。

6. 推进都市现代农业

天府新区以国土空间规划为指引，围绕"农业科技高地、都市农业典范、共同富裕示范、乡村振兴窗口"的发展目标，构建以新兴、永兴、籍田为核心的天府新经济综合服务片区、天府科创文旅生态片区、天府文创都市农业发展片区，形成以科技创新为支撑、融合发展为导向的现代都市农业体系。

都市农业场景（一）

都市农业场景（二）

都市农业场景（三）

都市农业场景（四）

　　立足太平枇杷、合江冬草莓、煎茶竹丝茄等特色优质农产品，天府新区规划建设枇杷、蔬菜、粮经复合、稻菜及水产五个现代农业产业园，促进互联网技术与农业融合发展，探索建立数字化、信息化的农业全产业链融合生态平台。提升园区内基础配套设施，建设农产品产地冷藏保鲜设施、分拣包装设施，发展"中央厨房+冷链配送+物流终端""中央厨房+快餐门店"等新型加工业态。培育农业总部经济、创意农业、智慧农业，布局农产品贸易的高附加值服务环节，形成农业新的经济增长点。

天府新区立足赏花、品果、休闲、体验等乡村旅游发展趋势，综合配套吃、住、行、娱、游、购等旅游要素，深化农商文旅融合发展。支持官塘小村等特色民宿客栈和特色酒店、茗猎户等餐饮服务场所发展；通过开发"鹿溪荟"地方特色饮食，满足游客在地化、特色化的餐饮需求；以天府粮仓为本底，以粮油种植生产、休闲体验为特色，打造以大米和粮油种植为主题的文创特色旅游基地。

围绕"农业科技高地、都市农业典范、共同富裕示范、乡村振兴窗口"发展目标，建设公园城市现代都市农业示范区，打造公园城市乡村。

成都国家现代农业产业科技创新中心

天府新区以成都国家现代农业产业科技创新中心为核心，建设垂直农业大楼、都市农业工程中心、院士工作站等科技平台，与四川农业大学等高校院所联动，形成现代农业科技集聚的产业融合平台，促进农业科技产学研协同创新，在协同创新的平台上实现科技创新成果转换，农业全产业链增值增效。

中国农业科学院都市农业研究所

国家成都农业科技中心是中国农业科学院与成都市人民政府共同打造的国家级科技创新平台，是农业农村部批复建设的"成都国家现代农业产业科技创新中心"的核心支点。

第六章

构建现代基础设施

构建现代基础设施的历史意义

党的二十大报告指出："高质量发展是全面建设社会主义现代化国家的首要任务。"现代化基础设施体系是经济社会发展的重要支撑，是全面建设社会主义现代化国家的坚实基础，是社会经济高质量发展、人居环境持续改善和城市安全高效运行的重要支柱。构建现代化基础设施体系，优化基础设施布局结构和发展模式，不仅能推进我国经济实力大幅跃升，还能促进城乡区域协调发展，缩小城乡差距，逐步实现全体人民共同富裕，顺利推进中国式现代化建设。

改革开放以来，我国创造了世所罕见的经济快速发展和社会长期稳定奇迹，社会发展进入快车道，经济规模高速增长和人口城镇化快速提升。但是，以巨量资源投入为增长动力的传统粗放型增长也引发了劳动力成本上升、城市公共服务水平和资源环境承载能力难以适应人口规模扩张的现实困境。既有发展方式越来越难以为继，一系列影响社会发展的"城市病"随之而来：城市人口拥挤、生态环境恶化、房价高涨、交通拥堵，城市宜居水平显著降低。同时，城乡生产要素流动不畅，导致出现城乡差异、基本公共服务不均衡的状况。农村中存在的耕地撂荒、房屋闲置、产业空心等问题也亟待解决。

2020年第七次全国人口普查结果显示，我国城镇化水平达到63.89%，已进入城镇化的中后期。从国际经验看，这是消化前期累积矛盾的重要窗口期，也是转型绿色低碳高质量发展的关键机遇期。党的二十大报告指出："坚持人民城市人民建、人民城市为人民，提高城市规划、建设、治理水平，加快转变超大特大城市发展方式，实施城市更新行动，加强城市基础设施建设，打造宜居、韧性、智慧城市。"这为今后我国城市，特别是公园城市的建设发展指明了方向。

天府大道

现代化基础设施的内涵

1. 社会经济高质量发展的重要支柱

我国自古就重视基础设施建设，都江堰、大运河遗泽千年，至今仍在造福社会。三峡工程、青藏铁路、南水北调、西气东输、西电东送等全国性基础设施网络既是新中国取得的伟大成就，也是我国国民经济优良运转的重要柱石。当前，我国社会主要矛盾发展为人民日益增长的美好生活需要和不平衡不充分的发展之间的矛盾。解决这一矛盾的关键是紧跟全球新一轮科技革命与产业变革的发展方向，推动现代化产业体系建设，加快推动产业转型升级。升级信息、科技、物流等产业基础设施，加强建设，布局新一代宽带基础网络、人工智能平台等科技基础设施，对产业转型升级具有重大意义。

2. 改善人居环境的重要支柱

城乡环境状况的改善依赖于全面提升基础设施水平，完善城乡基础设施、补齐体系短板是城乡人居环境建设的重要内容。现代化基础设施注重人与自然和谐共生，强调开发建设与自然资源承载能力、生态环境容量相适应。修复江河、湖泊、湿地，建设公园、绿地、绿道，采用绿色建造方式提升基础设施的设计建造水平，遵循海绵城市理念，完善城乡防洪排涝体系；防治城市噪声污染、光污染；增加城乡医疗卫生、养老服务、社区健身等公共活动空间。现代化基础设施是新时代生态文明的具体体现，是实现城乡品质提升、人居环境改善的必由之路。

3. 城市安全运行的重要支柱

　　城市轨道交通、燃气、桥梁、供水、排水、热力、电力、通信、综合管廊、输油管线等网络是城市的生命线，与生产生活紧密相关。当前我国城市发展为社会结构主体，集中了越来越多的人口、资本、产业，流动人口多、高层建筑密集、经济产业集聚等特征越来越明显。一些城市房屋老旧，公共设施老化，加之管理不善，时有事故灾害发生，危害人民群众生命财产安全。提升传统基础设施水平，加强公共应急设施建设，对城市安全运行发挥着至关重要的作用。

天府大道夜景

天府新区基础设施建设概况

　　践行新发展理念的公园城市的本质就是满足人民群众对美好生活的向往。天府新区以公园城市建设为统揽，以实现高质量发展、高品质生活、高效能治理为导向，坚持以人民为中心的发展思想，推动新区公园城市先行区建设内涵式进阶，构建集约高效、经济适用、智能绿色、安全可靠的现代基础设施体系。

　　天府新区依循先规划后建设的模式，现代基础设施建设取得卓越的成效，逐步形成轨道线网、高速公路、市政道路相互支撑的一体化交通网络体系，形成兼顾防洪、排涝、水生态的河湖水利设施体系，形成改善城乡环境、提升公共安全的供水、排水、燃气、电力、通信等基础设施体系，建成重大科技基础设施、研究基地、国家级创新平台、国际会议中心等区域重大功能设施体系。

绿　道

乡村景色

作为"公园城市"首提地的天府新区，分布有大大小小各类公园，其中最引人注目的是兴隆湖湿地公园。

兴隆湖湿地公园是集防洪、生态、景观等多重功能于一体的"天府绿心"。环湖区域不仅有绿地、绿岛、绿道等景观设施，还有天府兴隆湖实验室、成都超算中心等新型基础设施。兴隆湖是成都平原水鸟越冬地之一。这里观察到100余种鸟类，其中水鸟60余种，水鸟单次最大统计数量3000余只。

2018年2月习近平总书记来川视察后，天府新区作为"公园城市"首提地，将新发展理念与公园城市建设相结合，积极实践、建立了公园城市的总体架构，构建了公园城市"1-5-15"的指数体系；发布全球首个公园城市指数框架体系、公园城市高质量发展指标体系；探索出公园城市"1436"创新实践模式，形成"1个发展范式，4个基本遵循，3个实践路径，6个价值目标"的总体思路；建立以"五位总师"领衔的专业技术支撑架构，形成以1组顶层规划、5大规划维度、36项重点工作为核心的公园城市规划体系，明确了"城市组团-公园片区-公园社区-公园街区"的四级空间体系。

天府大道沿线景观

天府新区基础设施体系

1. 交通网络体系

（1）铁路线网

天府新区范围内，分布有成自高铁、成达万高铁、川藏铁路三条铁路线和天府客运枢纽站。成自高铁是连接成都核心城区与天府国际机场的快速通道，是蓉遵高速铁路的组成部分；成达万高铁是全国"八纵八横"高速铁路网中"沿江通道"的重要组成部分，是东向出川的重要通道；川藏铁路（朝阳湖—天府站段）线路由天府站引出，在蒲江接入既有成雅铁路，是川藏铁

天府客运枢纽站

路的重要组成部分。成都天府站是成都市"三主三辅"铁路枢纽客运站的重要节点,已纳入成自高铁项目建设。

（2）轨道线网

天府新区直管区规划"七横七纵一环"轨道线网,已建成投用轨道交通1号线、5号线、6号线及18号线。

地铁1号线广福站

西博城站以"城市客厅、花园车站"为建设理念，利用南北两侧的退台形成下沉花园，车站顶棚以"璀璨星空"为主题进行装饰，营造出熠熠生辉的星空意象，实现车站与城市景观完美融合。

在建线路有S5成眉线，规划TOD站点101个，其中市级站点16个。

（3）高速路网

天府新区强化与中心城区、东部新城、西部及南部区市县的互联互通，加强对成德眉资同城化的交通支撑，构建绿色开放、四通八达的综合交通体系。截至2020年，新区建成高速公路3条，包括成都第二绕城高速公路、蓉遵高速和天府国际机场高速及其支线。

地铁西博城站

成都天府国际机场高速公路采用了双起点，分别对接成都主城区、天府新区。它不仅是连接机场的高速公路，还是连接成都主城区和天府新区的重要通道。

锦江上的桥

有水则有桥，桥是此岸到彼岸的抵达，是历史变迁的见证。

锦江上有成都现存最古老的石拱桥，二江寺古桥。江安河与府河汇合处，旧称二江口，是历史上著名的水陆要冲，设有驿站，称为二江驿。明代驿道改道后，驿站衍变为寺庙，即二江寺。据《华阳县志》记载，二江寺桥于"清道光五年创建，光绪丙子四年重修，民国七年培修"。清道光五年，即1825年，距今已近200年了！

二江寺桥下游约4公里处的天保湾大桥于2020年建成通车，是天府新区境内锦江上最年轻的桥。大桥位于成都天府新区"四横四纵"路网之一的沈阳路上，全长880米。双向六车道的桥面宽度达43.5米，主桥采用跨径230米的中承式钢桁架拱桥，主拱用钢量超过3800吨。桥梁整体塑造出了天府新区的现代都市气质，展现了天府新区建设公园城市的规划建设理念。

　　天保湾大桥下游不远处是其姐妹桥——云龙湾大桥。该桥于2019年通车，是益州大道跨越锦江的重要节点。天府新区于该处修建双塔悬索桥，一跨跨越锦江，门式塔柱耸立江岸，方正挺拔。桥塔饰以"云与龙"样式的浮雕，层次分明。

　　锦江上，不仅有最古老的桥、最现代的桥，还有最浪漫的桥。造型别致的拥军桥在华阳横跨锦江。东岸是华阳老城，西岸是天府滨河湾公寓，一江相隔，一桥相连，一头是最具烟火气息的集市，一头是自然舒适的居住区。桥上人来人往，川流不息，一半是市井生活，一半是诗意栖居。

二江寺拱桥

锦江斜拉桥

浪漫的拥军桥

云龙湾大桥

次干道

支　路

（4）内部路网

天府新区直管区以天府大道、五环路（牧华路—麓山大道）、剑南大道等道路为骨架，规划形成"十三横八纵"骨干路网体系。现已建成天府大道、益州大道、梓州大道、武汉路、货运通道等系列快速通道，与高速公路网一起，形成了"南北畅通，东西联动"的便捷路网体系。总部商务区核心区东区、锦江西沈阳路以北片区和科学城起步区路网全覆盖，中优片区毛细路网持续完善，其余片区基本形成骨架路网。印发《天府新区成都直管区街道景观设计细则》，打造景观型、商业型和生活型三大类型特色街道，建设以人为本、安全、美丽、活力、绿色、共享的公园城市街道场景，塑造尺度宜人、环境优美的街道空间。

人行天桥

（5）绿道网络

沿城市公园体系、道路绿化带等布局游憩绿道、通勤绿道、社区绿道三级绿道体系，建设全域慢行绿色廊道。游憩绿道串联自然公园、郊野公园和活力新镇，通勤绿道联系居住社区和就业中心、片区公共服务中心，社区绿道联系居住小区、社区公园和社区中心。

2. 水利设施体系

天府新区内大部分区域处于都江堰灌区内，天然河流和人工灌渠数目众多，主要河流和渠系有锦江、江安河、鹿溪河、落雁河、柴桑河和东风渠，大中型水库有龙泉湖、三岔湖和张家岩水库。

锦江发源于岷江，由高新区进入华阳，于二江桥右纳江安河，从正兴出直管区，向西南至江口镇汇入岷江，在新区境内长约20公里。江安河，又名新开河，在二江寺汇入锦江。直管区境内的江安河长约4公里。鹿溪河又名芦溪河，为天然山溪河流，发源于龙泉驿区长松山西坡王家湾，汇入锦江，在新区境内长约50公里。新区内的东风渠主要由总干渠、老南干渠、新南干渠组成，新区境内干渠长约86公里。新区规划河渠200余条，按照河渠承担的主要功能以及河渠在城市水生态环境中的重要性，分为排洪河渠和供水河渠。其中：排洪河渠150余条，其功能侧重点在于排除规划区洪水内涝；供水河渠60余条，主要用作输配水通道（生产生活、环境、灌溉）。

"十三五"期间，直管区完成七里沟、青里沟、谭家沟等10余条排洪渠改造整治。"十四五"期间，新区将开展水系综合生态修复，重点保护兴隆湖、

锦江，发源于岷江。

出绕城高速后，由东向西穿越天府大道，进入天府新区境内，至二江寺右纳江安河，向西南方向蜿蜒而行。

河道（一）

河道（二）

河道（三）

天府新区水系规划图

鹿溪河组图

秦皇湖、麓湖、南湖等水域，以及修复锦江、鹿溪河、东风渠、雁栖河、柴桑河等主要河流和水渠，全面改善水环境质量。采用清淤、生态修复、周边水系梳理等措施，全面提升锦江华阳段和鹿溪河（非城市建设区）的防洪能力；推动科学城片区（兴隆湖）分洪工程，六家沟、毛家沟排洪渠，赤水河（三星场镇段）、跳蹬河（永兴街道）防洪能力提升工程，持续提升防洪排涝能力。

天府新区直管区规划多座湖泊、湿地、水库和骨干堰塘。三岔湖又名三岔水库，位于沱江水系绛溪河，是都江堰东风渠的骨干囤蓄水利工程；龙泉湖又名石盘水库，同是都江堰东风渠的骨干囤蓄水利工程；张家岩水库是都江堰东风渠的过水水库。新区结合排水规划，根据水体承担的主要功能，及其在城市水生态环境中的重要性，将湿地性质分为四类（蓄水补枯、水质净化、蓄滞洪和景观）。在丰水期依靠雨水、都江堰灌区渠系（东风渠、老南干渠）配水；在枯水期依靠再生水、都江堰灌区渠系配水。再生水厂将再生水处理到地表水环境质量Ⅳ类标准，再引入水质净化类湖泊的水质净化区深度处理，使水质进一步提升至地表水环境质量Ⅲ类标准。

河畔景色

3. 公共基础设施

（1）供水体系

天府新区水源来自岷江水系，由都江堰水利枢纽统一调配，由水七厂与双流岷江水厂为成都直管区供水；远期规划依托引大济岷工程的建设，作为天府新区第三处水源。天府新区将通过中心城大管网、五环路输水干管、第二绕城输水干管供水，形成多水源格局。规划成自泸下游输水管道、益州大道南段输水管道、高铁片区和文创城起步区管道，形成完善的供水环网系统；规划正兴、万安、东山、二绕4座高位水池，新兴、万安等4座区域加压站，及5座镇区加压站和14座减压阀门等压力调控设施，实现区域内供水服务压力均衡稳定。直管区"十三五"期间新建万安、新兴两座加压泵站，建成区管网覆盖率达100%，农村自来水覆盖率达100%，基本完成农村饮水安全工程。"十四五"期间拟建设供水设施9座，逐步形成与中心城区"同网、同质、同价、同服务"的供水系统。

（2）排水体系

天府新区按照集中和分散相结合、截污和治污相协同的原则，采用雨污分流体制，按排水分区规划敷设排水管网系统，分区内采用"环状+枝状"的布设方式，沿城市主干道、综合管廊敷设管线。在城镇集中建设区规划多座污水处理厂。目前，第一再生水厂已建成并投入使用，厂区建设形式采用全地下式，地面为全开放式活水公园。配套建设沿鹿溪河上、下游两岸全长11公里的污水干管，形成绵延10余公里的生态绿廊，不仅缓解天府新区建设的生态环境压力，还提升兴隆湖入湖水质。"十四五"期间，将推进毛家湾净水厂、华阳净水厂、新兴净水厂二期、第二净水厂、第三净水厂和文创西净水厂建设，并完善城中村、老旧城区、城乡接合部等区域的生活污水收集管网，推动老旧管网修复更新，整治黑臭水体，强化污水再生利用。

天府新区按照海绵城市理念规划雨水主干网，采取"渗、滞、蓄、净、用、排"等措施，按照分区规划，就近集中排放，实现水安全保障、水环境改善。现已沿天府大道、麓山大道、剑南大道等骨干道路形成干管系统，雨水主要通过江安河、府河、栏杆堰、洗瓦堰斗渠和其他排水管道排入府河。"十三五"期间，新区推进老城区（场镇）排水管网建设改造，有效防止"城市看海"现象的出现。

天府新区推广再生水利用，提高水资源集约节约利用水平。再生水管网系统规划、统筹配建，再生水厂规划有11处，与污水处理厂合并设置。新区将再生水主要用作杂用水和环境用水，杂用水用于绿化浇洒、道路洒扫等，环境用水为景观河道等水体补水，实现再生水有效利用。

（3）综合管廊

天府新区结合新建电力隧道、输水干管、中水管道等城市主要市政管线走廊，布置干线综合管廊，结合商业核心区、地下空间等区域，布置服务型综合管廊，重点加强天府总部商务区、成都科学城、天府数字文创城、锦江生态带等城市主要功能区的综合管廊，规划"六横五纵八片区"系统、"1（总控中心）+N（分控中心）"综合管廊监控中心体系，形成两级管理体系，共同发挥监控、维护和抢险的作用。"十四五"时期，新区将重点建设高铁片区、科学城拓展区和天府数字文创城的综合管廊，计划建设综合管廊约60公里、分控中心3处。

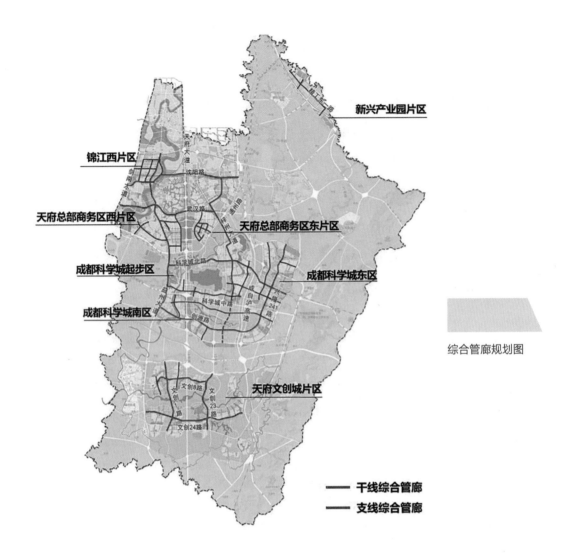

综合管廊规划图

────── 干线综合管廊
────── 支线综合管廊

（4）通信网络

　　天府新区紧抓数字经济发展的战略机遇，不断完善数字经济发展的基础设施。新建成都天府云数据中心汇聚机房、光交箱、无线站点（含5G站点）。推进5G网络建设，加强5G网络优化布局，加快现有4G到5G的快速演化升级。重点推进总部商务核心区、科学城起步区、文创城起步区等已建成区5G信号的覆盖。规划在华阳片区、总部商务核心区、科学城建设3座中心机房。

（5）能源网络

天府新区现有500千伏尖山变电站和两座220千伏变电站（罗家店变电站、兴隆变电站），10余座110千伏变电站（含3座地铁专变），500千伏线路10回，110千伏线路8回。天府新区规划形成2座500千伏变电站，14座220千伏变电站，以及"八纵十一横二十四廊"电力通道。"十四五"时期，新区共计划建设供电设施11座，重点建设500千伏大林变电站及其220千伏配套线路工程，形成直管区"双电源"结构。

新区共有7个燃气输配场站，现状天然气气源由外来气源和本地气源共同构成。其中：外来气源主要依靠玉成—温江输气干线、威青线、北内环支线及龙泉驿区城区管网，气源主要来自中石油西南油气田分公司的川中气田、高磨气田、威远页岩气和长宁页岩气；本地气源主要来自苏码头浅层气。区内有8条次高压燃气管道，并沿城市主干路网布设中压环线管网，形成城乡统筹、多源供气的"次高压-中压-低压"三级输配系统，实现城乡建设区燃气管线基本全部覆盖、农村地区部分新型社区覆盖的燃气设施系统。

（6）绿色能源

新区应推动绿色能源，新增新能源公交车，新建专用充电站，以及公用充电点位。推广电力、氢能等新能源在交通运输领域应用，推动绿色货运配送示范区建设，实现运输工具低碳化目的。积极实施"天府绿车轮"行动，除应急运力外全面完成巡游出租车电动化改造。规划按照"桩站先行，站密桩疏，无处不在"的原则进行新能源汽车充电设施整体部署，依托公共停车场、社区综合体、变电站等用地适度超前建设公用充电设施，依托公交场站、客运站、物流园区、环卫服务中心等按需建设专用充电设施，构建"全域覆盖、绿色零碳"的充电基础设施体系，实现"十四五"末公共充电设施密度达30个/公里^{2}的目标。

华阳客运中心

4. 公共服务设施

（1）公交服务体系

建设万安维保场、祥鹤路公交首末站、怡心湖地铁+公交微枢纽、云龙公交站、鹿溪口北路公交站、三根松公交站、麓湖公交站等公交场站，建成区公交站点500米覆盖率达100%。完善公交专用道、优先道，加强常规公交线网与轨道交通站点的接驳，实现主要轨道交通站点3条以上公交线路接驳。实现与五城区同质化的公交服务。开行四川省首条城际公交线路T50，推动天府新区成都片区与眉山片区同城化发展。

（2）公共服务空间

打造118个"15分钟生活圈"，推动教育、医疗、文化等基本公共服务满覆盖。建成将军碑、二江寺、香山、万科翡翠公园等8处社区综合体，涵盖农贸市场、社区服务中心、公厕、社区文化活动中心、综合健身中心、环卫工人休息室等服务设施。建成天府一幼、三幼等幼儿园，天府一小、六小等小学，天府四中、天府七中、天府中学等中学。规划医疗设施300余个。实现119个村（社区）全民健身设施全覆盖。社区体育设施步行15分钟覆盖率约85%。各项教育、体育、医疗卫生指标均达五城区服务水平。

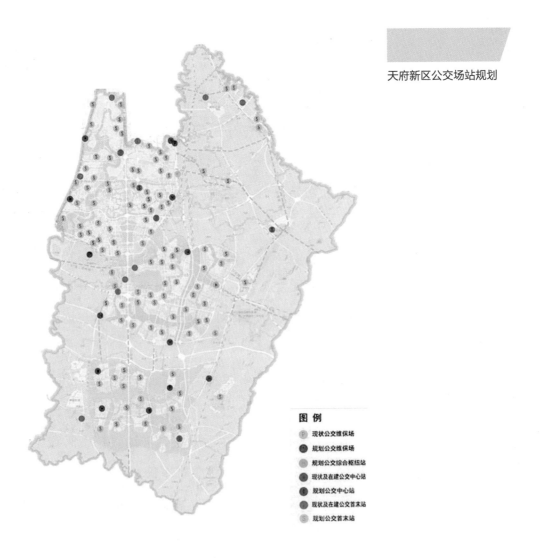

图 例

ⓟ 现状公交维保场
● 规划公交维保场
Ⓢ 规划公交综合枢纽站
● 现状及在建公交中心站
ⓟ 规划公交中心站
● 现状及在建公交首末站
Ⓢ 规划公交首末站

　　"十四五"期间，天府新区将按照专项规划，统筹布局文化、体育、医疗、教育、养老等服务设施，构建"8+14"的基本公共服务设施体系。在正兴北片区、锦江西片区、万安南片区等16个公园片区建设片区公共服务中心，构建步行"城区15分钟社区生活圈"和"乡村社区生活圈"，实现城区及乡村地区满覆盖。